国家林业和草原局普通高等教育"十四五"规划教材

有机化学实验

徐清海　付田霞　苏　瑛　主编

中国林业出版社
China Forestry Publishing House

内 容 简 介

本书是高等农林院校有机化学课程配套实验教材。本书共 6 章。第 1 章和第 2 章介绍有机化学实验的一般知识和基本操作；第 3 章介绍 20 个有机化合物的制备实验；第 4 章介绍 9 个类别有机化合物基本性质的测定实验；第 5 章介绍 10 个天然有机化合物的提纯实验；第 6 章是为了给应用化学专业开设大化学实验，收录了 4 个实验时间较长的综合性实验。同时，为了使学生在有限的学时内充分掌握有机化学实验基本知识、顺利完成实验过程，我们将常做的 9 个实验做成视频，以二维码的形式放在书中，并附有实验报告册，以备学生实验课时使用。

图书在版编目（CIP）数据

有机化学实验/徐清海，付田霞，苏瑛主编．—北京：中国林业出版社，2023.6（2025.8 重印）

国家林业和草原局普通高等教育"十四五"规划教材

ISBN 978-7-5219-2222-6

Ⅰ.①有⋯　Ⅱ.①徐⋯　②付⋯　③苏⋯　Ⅲ.①有机化学–化学实验–高等学校–教材　Ⅳ.①O62-33

中国国家版本馆 CIP 数据核字（2023）第 107237 号

策划编辑：李树梅
责任编辑：李树梅
责任校对：苏　梅
封面设计：睿思视界视觉设计

出版发行：中国林业出版社
　　　　　（100009，北京市西城区刘海胡同 7 号，电话 010-83143531）
电子邮箱　jiaocaipublic@ 163. com
网　　址　https://www.cfph.net
印刷：北京中科印刷有限公司
版次：2023 年 6 月第 1 版
印次：2025 年 8 月第 3 次
开本：787mm×1092mm　1/16
印张：12
字数：270 千字　　视频：9 个
定价：35. 00 元

《有机化学实验》编写人员

主　编　徐清海　付田霞　苏　瑛

副主编　褚清新　刘　壮　黄群星

编　者（按姓氏拼音排序）

褚清新（沈阳农业大学）

付田霞（沈阳农业大学）

黄群星（沈阳农业大学）

李丽梅（沈阳农业大学）

刘　壮（沈阳农业大学）

刘晓宇（沈阳农业大学）

明　霞（沈阳农业大学）

苏　瑛（沈阳农业大学）

汪正刚（辽宁经济职业技术学院）

王轶蓉（辽宁中医药大学）

徐清海（沈阳农业大学）

许　旭（辽宁大学）

前　言

　　《有机化学实验》是一本面向农林院校的有机化学实验教材。为深入践行"以学生为中心"的教学理念，满足农林院校有机化学教学需要，我们根据教学大纲的要求，结合当下短视频教育快速普及的时代特征，编写此书，以期学生在现有学时内，借助本书掌握有机化学实验的理论，培养良好的实验技能，提高学生综合素质。

　　根据各专业的特点，有机化学实验除包含有机化学的一般知识、基本操作外，所选实验涵盖有机化学制备实验、天然有机化合物的提取和有机化合物的性质实验。有机化学实验具有加热时间较长、实验装置复杂、实验现象多变、实验产品复杂且需分离提纯、需要学生理解和掌握的知识点和操作技能较多等特点，一般学生很难在有限的课堂时间内充分理解和掌握。党的二十大报告中强调"必须坚持问题导向"，"我们要增强问题意识，聚焦实践遇到的新问题……不断提出真正解决问题的新理念新思路新办法。"为充分发挥学生学习的主观能动性，我们以在线教育交互动画为抓手，联动线上线下教学，打通课前预习、课上听讲和课后复习的时空堵点。因此，本书在近几年教学经验的基础上，参考最新同类教材的编写变化，对重点实验内容增加了配套的视频，学生可以通过手机扫描二维码随时观看。

　　孟子曰："梓匠轮舆能与人规矩，不能使人巧。"技艺的传承中自带立德与树人，只有用心感悟，才能见微知著，游刃有余。实验过程中同学们既要锻炼自己的实验技能，也要兼顾自身和他人的安全。态度端正是学习实验技能的基础，而只有品德高尚才能用此技能造福社会。

　　本书由徐清海、付田霞、苏瑛等编写，并由徐清海统稿。实验的视频由辽宁经济职业技术学院汪正刚设计制作完成。沈阳农业大学理学院有机化学教研室的各位教师提供了很多建设性的意见。

　　本书在编写过程中，沈阳农业大学李秉超教授、东北农业大学叶非教授、天津大学王松青教授提出了宝贵意见，在此谨向他们致以衷心的感谢。

　　由于编者水平有限，书中难免有不足之处，敬请读者提出批评、建议，以便斧正。

编　者

2022 年 8 月于沈阳

目　录

第1章　有机化学实验的一般知识

一、有机化学实验的教学目的

有机化学是一门以实验为基础的科学，而有机化学实验是有机化学的重要组成部分。尽管随着现代科学技术的迅猛发展，有机化学已从经验科学走向理论科学，但它仍然是以实验为基础的科学，特别是新的实验手段的普遍应用，使有机化学面貌一新。

在高等农业院校，掌握有机化学的基本知识、基础理论及实验技术，对于学好专业课，并为这些课程打好基础，是十分必要的。有机化学实验在高等农业院校是一门必修课，通过实验教学可以达到以下目的：

(1)熟悉有机化学实验的一般知识，掌握有机化学实验的基本技术，培养操作能力。

(2)通过性质实验，配合课堂讲授，验证和巩固课堂讲授的基本理论和知识。

(3)通过合成实验，系统学习一些重要有机物的制备。

(4)培养学生观察问题、分析问题和解决问题的能力，使学生养成实事求是的科学态度和严谨的工作作风。

因此，必须十分重视实验课的教学，努力提高实验课的质量。

二、实验须知

为了保证有机化学实验的顺利进行，学生做实验时必须遵守如下规则：

(1)认真预习。实验前要认真预习实验教材，明确实验目的和要求，理解基本原理，明白操作步骤，了解实验的关键及注意事项，制订实验计划，做到心中有数。同时实验前要将实验器材准备齐全，以免临时慌乱。

(2)熟悉环境。进入实验室时，应熟悉实验室及其周围的环境，熟悉灭火器材、急救药箱的放置地点和使用方法。严格遵守实验室的安全守则和每个具体实验操作中的安全注意事项。

(3)遵守纪律。要求精神集中，认真操作，细致观察，积极思考，如实记录，实验过程中不得擅自离开实验室。

(4)遵从指导。按照实验讲义中所规定的步骤、试剂的规格和用量进行实验；若要更改，须征求教师同意方可。

(5)保持整洁。污水、污物、残渣、火柴梗、废纸等应分别放在指定的地方，不得乱丢，更不得扔入水槽，废酸液和废碱液应分别倒入指定的缸中。

(6)爱护公共财物。仪器和工具应在指定的地点使用，并保持整洁，如有损坏，要办理登记换领手续。

(7)实验完毕后离开实验室时，应关好水、电、煤气。值日生打扫实验室时要把废物缸清理干净。

三、有机化学实验室的安全知识

有机化学实验所用的药品多数是易燃、易爆、有毒、有腐蚀性的物品，所用的仪器大部分为玻璃制品，因此，在有机化学实验过程中，若粗心大意则易发生事故。但是，只要我们高度重视安全问题，实验时严格遵守操作规程，加强安全防范措施，事故是可以避免的。下面介绍实验室的安全守则和实验室事故的预防和处理方法。

(一)实验室的安全守则

(1)实验开始前应检查仪器是否完整无损，装置是否安装得正确稳妥，在征求指导教师同意之后，才可进行实验。

(2)实验进行时，不得离开座位，要经常注意反应情况是否正常，装置有无漏气、破裂等现象。

(3)做危险性较大的实验时，要根据情况采取必要的安全措施，如戴防护眼镜、面罩、橡皮手套等。

(4)使用易燃、易爆药品时，应远离火源。

(5)取用有毒药品须小心，不得接触伤口，实验药品不得入口，严禁在实验室内吸烟或饮食。实验完毕后要仔细洗手。

(6)熟悉安全用品(如灭火器材及急救药箱)的放置地点和使用方法。安全用品要妥善保管，不准移作他用。

(二)实验室事故的预防和处理

1. 火灾

实验室中使用的有机溶剂大多数是易燃的，着火是有机实验室最易发生的事故之一。为了防止火灾的发生，必须遵守以下原则：

(1)使用易燃溶剂时应远离火源，加热易燃物时有采用水浴、油浴等加热方法，切忌将易燃物盛装在广口容器中直接用火加热，勿使容器封闭，否则会造成爆炸。

(2)在进行易燃物实验时，应远离乙醇一类易燃的物质。

(3)回流或蒸馏低沸点易燃液体时，应用水浴加热，并加入少量的沸石或瓷片以防止暴沸，若在加热后发现未加助沸物，切不可立即打开瓶塞补加，而要等蒸馏液冷却后才能加入，否则会引起严重暴沸。

(4)蒸馏瓶不能装得太满，一般应为烧瓶容量的一半。加热时要根据具体情况控制升温速度，宜慢不宜快，且要避免局部过热。

(5)用油浴加热回流时，必须注意勿使冷凝水溅到油浴上，否则油滴外溅到热源上易引起火灾。

(6)当处理大量的可燃性液体时，应在通风橱中或在指定地方进行，室内应无火源。

(7)不得把燃着或带有火星的火柴梗或纸条等乱抛乱掷，也不得丢入废物缸中，否则会发生危险。

　　实验室一旦发生火灾，应保持沉着冷静。一方面防止火势扩展。立即熄灭所有火源，拉开室内总电闸，搬开易燃物品；另一方面立即灭火。有机化学实验室灭火通常采用使燃着的物质隔绝空气的办法，一般不能用水，否则会引起更大的火灾。而且，无论使用哪一种灭火器材，都应从火的四周开始向中心扑灭，把灭火器的喷出口对准火焰的底部。

　　如果小玻璃仪器内着火(如烧杯或烧瓶)，可盖上石棉板或瓷片等，使之隔绝空气而灭火，绝不能用嘴吹。

　　如果油类着火，要用沙或灭火器灭火。撒上干燥的固体碳酸氢钠粉末，也可扑灭。

　　如果电器着火，应先切断电源，然后用二氧化碳灭火器或四氯化碳灭火器灭火(注意四氯化碳高温时能生成剧毒的光气，不能在狭小和通风不良的实验室内使用)。

　　如果衣服着火，切勿奔跑，而应立即在地上打滚，用防火毯包住起火部位，使之隔绝空气而熄灭。

　　总之，当失火时，应根据起火的原因和火场周围的情况，采取不同的方法扑灭火焰。

2. 爆炸

在有机化学实验室里一般预防爆炸的措施有以下几种：

　　(1)反应或蒸馏装置的安装必须正确，不能造成封闭体系，应使整个体系与大气相通。

　　(2)减压蒸馏时应选用机械强度大、耐压的仪器，必要时应戴防护面罩或防护镜。

　　(3)使用易燃易爆物(如氢气、乙炔、过氧化物、重金属炔化物、苦味酸重金属盐、三硝基甲苯等)或遇水易燃易爆物(如钾、钠等)时，应特别小心。严格执行操作规程，不可重压或撞击。对于危险残渣，必须小心销毁，不得随处乱放。

　　(4)对过于猛烈的反应，要根据不同情况采取冷冻降温或调整加料速度等措施来控制反应。

3. 中毒

有机化学药品多数具有不同程度的毒性，主要通过皮肤接触或呼吸道吸入引起中毒。为防止中毒的发生，应注意以下几点：

　　(1)剧毒药品要妥善保管，不许乱放，实验中所用的剧毒物质应有专人负责收发，并向使用者提出必须遵守的操作规程。实验后的有毒残渣必须做妥善而有效地处理，不许乱丢。

　　(2)接触有毒物质必须戴橡胶手套，勿使剧毒药品沾在皮肤、五官或伤口上。例如，氰化钠沾染伤口后可随血液循环至全身，严重者可造成中毒死亡。

　　(3)处理有毒或腐蚀性物质，以及操作在反应中可能产生这类物质的实验应在通风橱内进行，但不能将头伸入通风橱内。

　　(4)实验完毕后，使用过的器皿要及时清洗且应立即将手洗净。

　　一旦发现中毒现象可视情况不同采取不同的急救措施。

　　溅入口中而未咽下的毒物应立即吐出来，用大量水冲洗口腔；如果已吞下，应根据毒物的性质采取不同的解毒方法。

　　腐蚀性药品中毒，强酸、强碱中毒都要先饮大量的水，强酸中毒可服中性氢氧化铝膏。不论酸中毒还是碱中毒，都可以通过喝牛奶缓解，但不要吃呕吐剂。

刺激性及神经性药品中毒，要先服牛奶或鸡蛋白缓和，再服硫酸镁溶液催吐，也可用手指刺激喉部催吐。

吸入有毒气体时，要将中毒者搬到室外空气新鲜处解开衣领纽扣。吸入少量氯气和溴气者，可用碳酸氢钠溶液漱口。

总之，实验室中若出现中毒症状时，应立即采取急救措施，严重者应及时送往医院。

4. 玻璃割伤

玻璃割伤也是常见事故，一旦被玻璃割伤，首先应仔细检查伤口处有无玻璃碎片，若有，先取出，然后视伤口情况进行处理。如果伤口不大，可先用双氧水洗净伤口，涂上红汞，用纱布包扎好；若伤口较大，流血不止，可在伤口上方 10 cm 处用带子扎紧，减缓流血，并立即送往医院就诊。

5. 灼伤、烫伤

(1)酸灼伤。皮肤被酸灼伤，应立即用大量清水冲洗，再用5%碳酸氢钠溶液洗涤，然后涂上油膏，将伤口包扎好。眼睛受伤应先抹去眼外部的酸，然后立即用水冲洗，用洗眼杯或水龙头上橡胶管对准眼睛冲洗，再用稀碳酸氢钠洗，最后滴入少许蓖麻油。衣服溅上酸后应先用水冲洗，再用稀氨水洗，最后用水冲净。地上有酸应先撒石灰粉，后用水冲刷。

(2)碱灼伤。皮肤被碱灼伤应先用大量水冲洗，再用饱和硼酸溶液或 1%乙酸溶液洗涤，涂上油膏，包扎伤口。眼睛受伤先抹去眼外部的碱，用水冲洗，再用饱和硼酸溶液洗涤后，滴入蓖麻油。衣服溅上碱液后先用水洗，然后用 10%乙酸溶液洗涤，再用氨水中和多余的乙酸，最后用水冲净。

(3)溴灼伤。皮肤被溴灼伤，应立即用水冲洗，也可用乙醇洗涤或用 2%硫代硫酸钠溶液洗至伤口呈白色，然后涂甘油加以按摩。如果眼睛被溴蒸气刺激，暂时不能睁开可以对着盛有卤仿或乙醇的瓶内注视片刻加以缓解。

(4)烫伤。皮肤接触高温(火焰、蒸气)、低温(液氮、干冰等)都会造成烫伤，轻伤处涂甘油、鸡蛋清、玉树油等，重伤者涂烫伤油膏后应立即送医院治疗。

四、常规玻璃仪器

(一)有机化学实验用普通玻璃仪器

常见的普通玻璃仪器如图 1-1 所示。

使用普通玻璃仪器需注意以下几个问题：

(1)化学实验用的玻璃仪器一般由钾玻璃制成，使用时要轻拿轻放。

(2)除试管等少数仪器外，不能用灯焰直接加热。

(3)厚壁玻璃器皿(如吸滤瓶)，耐压不耐热，不能加热。

(4)平底烧瓶、锥形瓶不耐压，不能用于减压系统。

(5)广口容器(如烧杯)，不能贮放有机溶剂。

(6)温度计不能当作玻璃棒使用，也不能用来测量超过温度范围的温度，温度计用后要缓慢冷却，不能立即用冷水冲洗以免炸裂。

平底烧瓶　　　　　圆底烧瓶　　　　　　三颈烧瓶

锥形瓶　　　　　　蒸馏瓶　　　　　　克氏蒸馏瓶

直形冷凝管　　　空气冷凝管　　　球形冷凝管　　　蛇形冷凝管

圆形分液漏斗　　梨形分液漏斗　　滴液漏斗　　　布氏漏斗

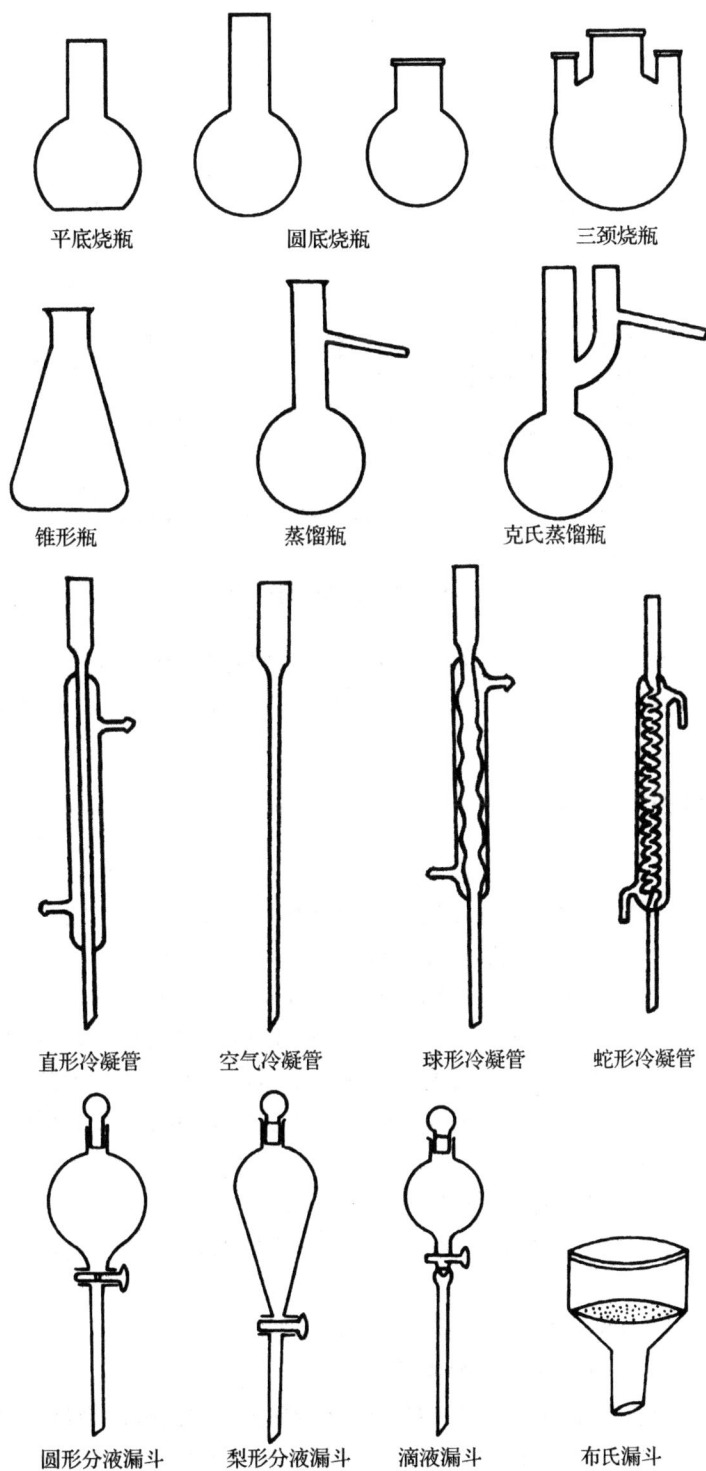

图 1-1　普通玻璃仪器

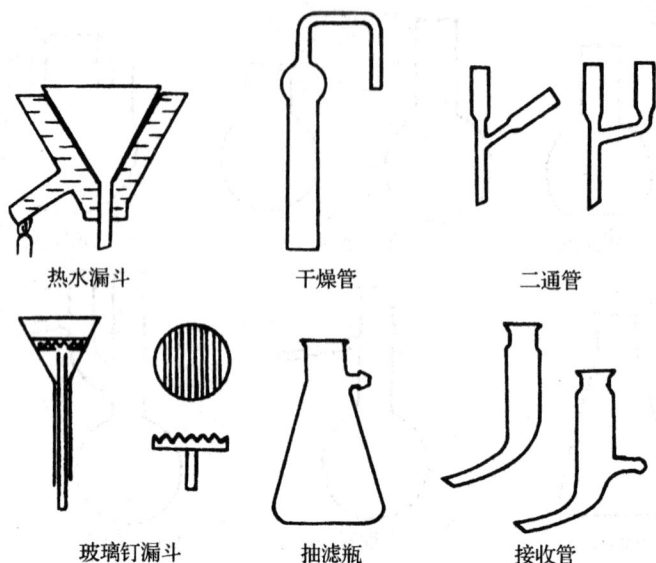

热水漏斗　　　　　　　干燥管　　　　　　　二通管

玻璃钉漏斗　　　　　　抽滤瓶　　　　　　　接收管

图 1-1　普通玻璃仪器(续)

(7)带活塞的玻璃器皿用过洗净后，在活塞与磨口间应垫上纸片，以防粘住。如已粘住，可在磨口四周涂上润滑剂，再用电吹风机吹风，或用水煮后再轻敲塞子，使之松开。

(二)标准磨口玻璃仪器

标准磨口仪器不需要木塞或橡皮塞，可以与相同号码的接口直接紧密连接，既可免去配塞子的麻烦，又能避免产生反应物或产物被塞子沾染的危险。此外，磨口仪器的蒸气通道较大，不像塞子连接的玻璃管那样狭窄，所以比较流畅。

标准磨口玻璃仪器均是按国际通用的技术标准制造的。常用的标准磨口有 10、14、16、19、24、29、34、40 等多种，这里的数字编号是指磨口最大端直径的毫米数。相同编号的内外磨口可以紧密相连。有的磨口玻璃仪器也常用两个数字表示磨口大小，如 10/30 表示此磨口最大处直径为 10 mm，磨口的高度为 30 mm。图 1-2 为有机实验做制备时用的标准磨口玻璃仪器。

使用标准磨口玻璃仪器时须注意以下几个问题：

(1)磨口处必须洁净，不能沾有灰尘和沙粒，否则磨口不能紧密连接，而且会损坏磨口。

(2)使用前在磨砂的塞表面涂以少量的润滑油脂，以增强磨砂接口的密合性，避免磨面的相互磨损，同时也便于接口的装拆。

(3)用后应立即拆卸洗净。否则，对接处常会粘牢，以致拆卸困难。

(4)安装和拆卸时应注意相对的角度，不能歪斜，否则，由于扭曲张力，容易造成仪器破裂。

短颈圆底烧瓶 长颈圆底烧瓶 二颈烧瓶 斜三颈烧瓶 直三颈烧瓶

梨形烧瓶 蒸馏头 分馏头 蒸馏弯头

蒸馏弯管 二口接收管 接收管

弯形接收管 真空接收管 三叉燕尾管 温度计套管 搅拌器套管 螺口接头

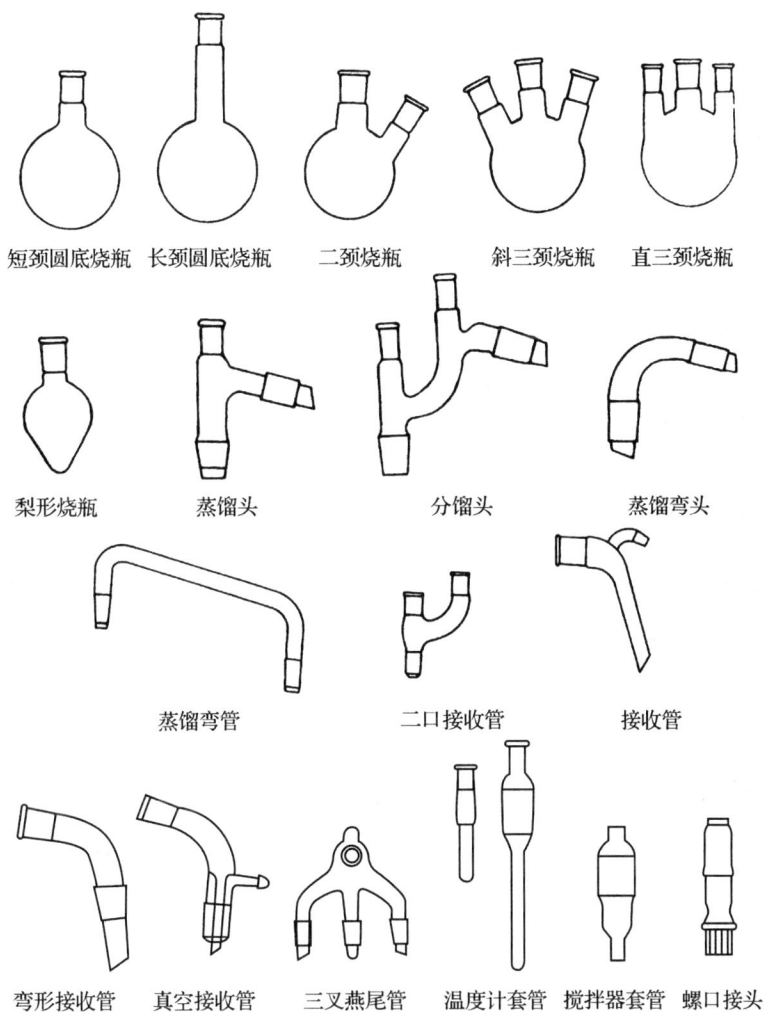

图 1-2 标准磨口玻璃仪器

五、玻璃仪器的清洗、干燥和塞子的装配

(一)玻璃仪器的清洗

进行实验必须使用干净的玻璃仪器。

有机化学实验中最简单且常用的清洗玻璃仪器的方法是用毛刷和洗衣粉或去污粉擦洗,再用清水冲净。若用于精制产品,或供有机分析用的玻璃仪器,则还须用蒸馏水摇洗以除去自来水冲洗时带入的杂质。

若难于洗净时,则可根据污垢的性质采用适当的洗液进行洗涤。如果是酸性的(或碱性)的污垢用碱性(或酸性)洗液洗涤;有机污垢用碱液或有机溶剂洗涤;银镜和铜镜可用硝酸洗涤;对一些焦油和碳化残渣,若用强酸或强碱洗不掉,可采用铬酸洗液浸洗，也可采用废有机溶剂清洗。

玻璃仪器是否清洁的标志是：加水倒置，水顺着器壁流下，内壁被水均匀润湿有一层既薄又均匀的水膜，不挂水珠。

(二)玻璃仪器的干燥

有机化学实验所用的玻璃仪器，经常需要干燥，干燥玻璃仪器的方法有以下几种：

1. 晾干

洗干净的玻璃仪器若不急用，一般以倒置在空气中晾干为好。但必须注意，如果玻璃仪器洗得不够干净，水珠便不易流下，干燥就会较为缓慢。

2. 吹干

有时玻璃仪器马上要用，可进行吹干。一般使用电吹风机就可以。首先将水尽量沥干后，加少量的丙酮或乙醇摇洗，倒出溶剂，先通入冷风吹几分钟，使大部分溶剂挥发，然后吹入热风至完全干燥为止，再吹入冷风使玻璃仪器逐渐冷却。

3. 烘干

烘干时将玻璃仪器口向上，带有磨口玻璃塞时，必须取下才能烘干。烘箱内的温度保持在 100~105℃，约 0.5 h 即可。烘干后的玻璃仪器最好放在烘箱内降至室温以后再取出。

(三)塞子的装配

有机化学实验常用软木塞和胶塞。软木塞具有不易与有机化合物作用的特点，但易漏气或被酸、碱腐蚀，所以在减压操作中不易使用。胶塞虽不漏气，但易被有机物侵蚀溶胀，高温易变形。究竟选用哪种塞子合适要视具体情况而定。

塞子的大小应与所塞仪器颈口相适应，塞子进入颈口部分不能少于塞子本身高度的1/3，也不能多于2/3。如图 1-3 所示。

不正确　　　　　正确　　　　　不正确

图 1-3　塞子的装配

有机化学实验往往需要在塞子内插入导管、温度计、滴液漏斗等，常需在塞子上钻孔。有靠手力钻孔的钻孔器(打孔器)，也有把钻孔器固定在简单的机械上借机械力钻孔的打孔器。

软木塞在钻孔前须在压塞机内碾压紧密，以免在钻孔时塞子裂开。在软木塞上钻孔，打孔器孔径应比要插入的物体口径略小一点。在橡胶塞上钻孔，打孔器的孔径要选用比欲插入的物体口径稍大一些。

钻孔时，将塞子放在一小块木板上，小的一端向上，打孔器前端用水、肥皂水或甘油润湿，然后左手紧握塞子，右手将打孔器向下用力顺时针方向旋入。当钻至塞子高度一半时，逆时针旋出打孔器，用细的金属棒捅掉打孔器内的碎屑。然后从塞子的大头对准原来的钻孔位置，按上述方法，垂直把孔钻通。

钻孔后要检查孔道是否合适，若不费力即能插入玻璃管等，说明孔道过大，不能使用；若孔道略小且不光滑，可以用圆锉修整。

将玻璃管或温度计插入塞中时，先用水或甘油润湿选好的一端，用手指捏住距离玻璃口较近的地方，均匀用力慢慢旋入孔内。另外，用力要适当，不能过大，最好用布包住玻璃管的手捏部位，这样较为安全。

六、有机化学实验常用装置

(一) 蒸馏装置

蒸馏装置主要由气化、冷凝和接收三大部分组成。主要仪器有：蒸馏瓶、温度计、直形冷凝管或空气冷凝管、接收瓶等。

图 1-4 为几种常用的蒸馏装置。其中，(a)是最常用的蒸馏装置，但不适用于蒸馏易挥发的低沸点溶剂。(b)是防潮的蒸馏装置。(c)是应用空气冷凝管的蒸馏装置。常用于蒸馏沸点在 140℃ 以上的液体。(d)是可边反应边蒸馏的装置。(e)是连续蒸馏装置，在蒸馏较大量溶剂时，液体可自滴液漏斗中不断加入的同时而被蒸馏，可避免使用较大的蒸馏瓶。

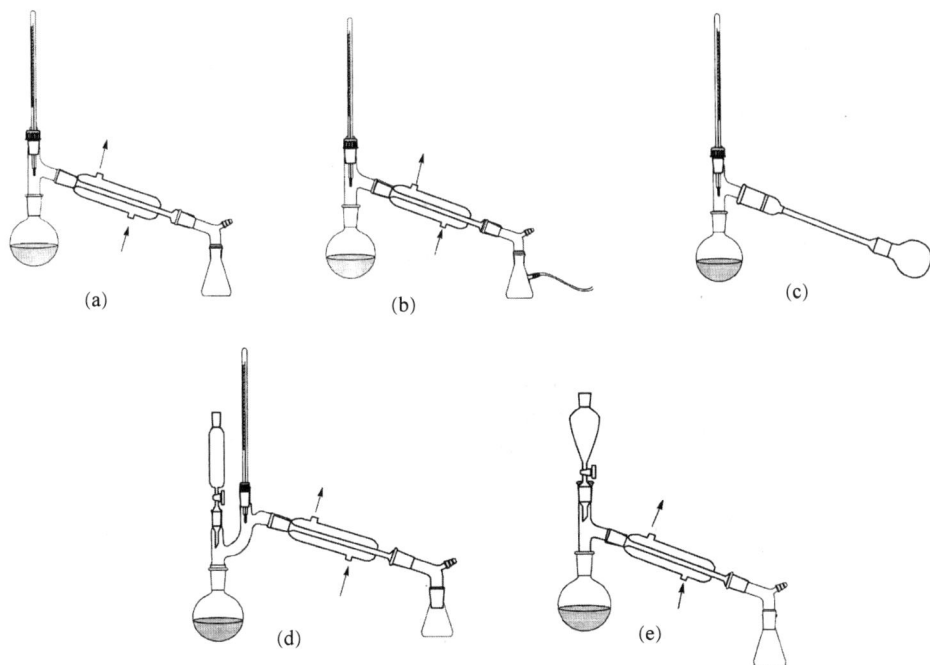

图 1-4　蒸馏装置

(二)回流装置

在进行有机制备反应或重结晶过程中，为使溶剂或反应物不致逸出，常采用回流装置(图1-5)。其中，(a)是可以防潮的回流装置，在球形冷凝管的顶端连接一干燥管以吸收空气中的水分。(b)是可吸收反应中所产生的可溶性气体的回流装置。(c)是回流时可以滴加液体的装置。回流加热前应加入沸石，然后根据瓶内反应物的特性选择合适的加热装置。回流的速度应以蒸气上升不超过冷凝管第二个球为宜。

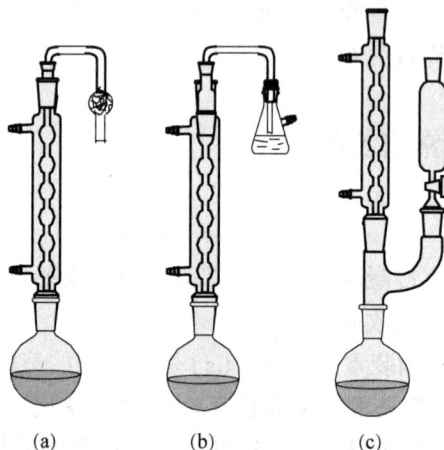

(a)　　　　(b)　　　　(c)

图1-5　回流装置

(三)气体吸收装置

图1-6为气体吸收装置。当反应中产生刺激性和水溶性气体时(如氯化氢、二氧化硫等)，可用此装置吸收。其中，(a)和(b)装置用于少量气体的吸收。(a)装置中的玻璃漏斗口应留一部分在水面外，既不使气体逸出，又可防止反应瓶一旦冷却造成水的倒吸。(c)装置用于气体大量生成或逸出速度较快时。

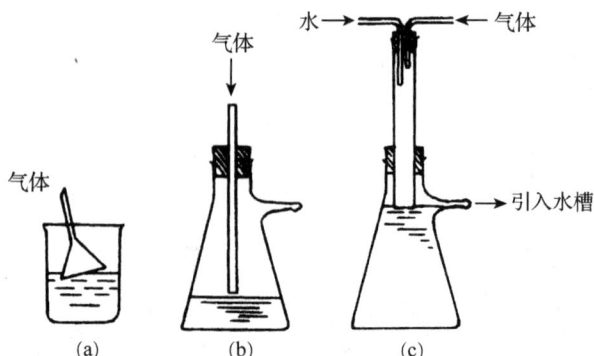

(a)　　　　(b)　　　　(c)

图1-6　气体吸收装置

（四）机械搅拌装置

搅拌是有机制备实验常见的基本操作之一。搅拌的目的是使反应物混合得更均匀，反应体系的热量容易散发和传导，防止局部过热，而引起副反应和反应物的分解，从而有利于反应的进行。特别是非均相反应，搅拌更是必不可少的操作。

简单的、反应时间不长的实验可用人工搅拌。一般在用烧杯作为反应器时，反应体系中放出的气体又是无毒的制备实验可用玻璃棒搅拌，也可以通过振荡达到搅拌的目的。但反应装置复杂、反应时间较长或反应体系放出的气体是有毒的制备实验，则用机械搅拌方法。

机械搅拌主要包括 3 个部分：电动机、搅拌棒和封闭装置。电动机是动力部分，固定在支架上。搅拌棒与电动机相连，当接通电源后，电动机就带动搅拌棒转动而进行搅拌，密封器是搅拌棒与反应器连接的装置，它可以防止反应器中的蒸气外逸。图 1-7 是 3 个常用的搅拌装置。其中，（a）和（c）均采用了简易密封装置并带有测量反应温度的温度计，所不同的是（c）具有滴加液体的装置。（b）是可以同时进行搅拌、回流和滴加液体的装置，它采用的是液封装置。

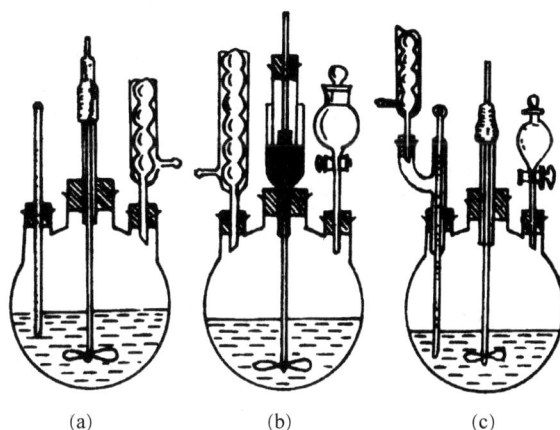

图 1-7　机械搅拌装置

搅拌所用的搅拌棒由玻璃制成，样式很多，常用的如图 1-8 所示。其中，（a）和（b）两种可用玻璃棒弯制。（c）和（d）可以伸入狭颈的瓶中，搅拌效果好，但较难制成。（e）为筒形搅拌棒，适用于两相不混溶的体系，其优点是搅拌平稳，搅拌效果好。

实验室用的封闭器一般可以采用简易封闭装置[图 1-9（a）]，可用一段（2~3 cm）弹性好的橡皮封口。简易封闭装置制造方法是：在选择好的塞子中央打一个孔，孔道必须垂直，插入一根 6~7 cm、内径较搅拌棒稍粗的玻璃管，使搅拌棒可以在玻璃管内自由地转动。把橡皮管套在玻璃管的上端，然后由玻璃管下端插入已制好的搅拌棒。这样，橡皮管的上端松松地裹住搅拌棒，并在橡皮管和搅拌棒之间滴入少许甘油起润滑和密封作用，然后把配好搅拌棒的软木塞塞入三颈烧瓶的位置，使搅拌棒的下端距瓶底约 5 mm，

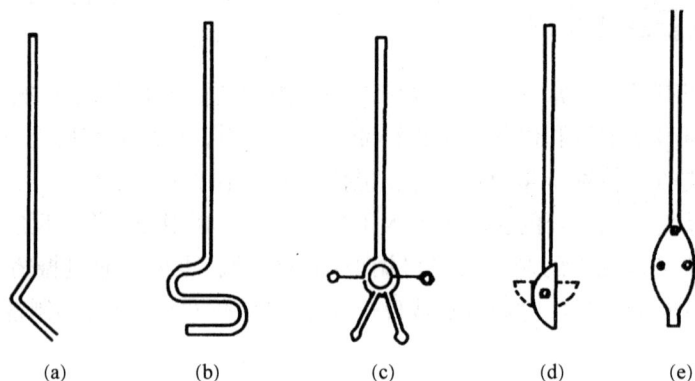

(a)   (b)   (c)   (d)   (e)

图 1-8　搅拌棒

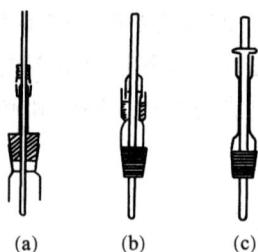

(a)　(b)　(c)

图 1-9　搅拌密封装置

中间瓶颈用铁夹夹紧，从仪器装置的正面和侧面仔细检查，进行调整，使仪器垂直。

　　除简易封闭装置之外，还有油封闭器［用液体石蜡或甘油作填充液，图 1-9(b)］和水银封闭器［用水银作填充液，适当加些液体石蜡或甘油，避免在快速搅拌下水银溅出蒸发，图 1-9(c)］。由于水银有毒，尽量少用。

　　搅拌速度可以根据实验要求进行调节。

七、实验预习、记录和实验报告

(一)预习

为了使实验达到预期的效果，要求在实验前做好充分的预习。

对实验前的预习，可以概括为"看、查、写"。"看"即仔细阅读与本实验有关的内容，明确实验目的、原理、内容及方法，特别注意实验的关键之处和安全问题。"查"即通过查阅手册和有关书籍，了解实验中要用或可能用到的一些资料。"写"即在看和查的基础上写好预习笔记。

(二)实验记录

进行实验时要认真，同时观察现象，将测得的各种数据及时地如实记录在记录本上。实验如得不到预期效果，也要将真实情况记录下来，以便讨论失败的原因。

(三)实验报告

实验结束后要求认真如实地写好实验报告，反常情况要在问题讨论一项中做出合理解释，对存在的问题应提出改进的建议和意见。

实验报告的格式如下:

1. 性质实验报告。

(1)实验名称、实验日期。

(2)实验目的和要求。

(3)实验原理。

(4)实验操作。

实验步骤	实验现象	解释和反应式	结论

(5)问题讨论。

2. 合成实验报告。

(1)实验名称、实验日期。

(2)实验目的和要求。

(3)实验原理。

(4)主要试剂及产物的物理常数。

名称	相对分子质量	性状	密度	熔点	沸点	溶解度

(5)装置图。

(6)实验步骤和现象。

(7)产量及产率计算。

(8)问题讨论。

第 2 章　基本操作

一、简单玻璃加工

有机化学实验中有些玻璃用品,如熔点管、沸点管、蒸馏时用的弯管、滴管和玻璃搅拌棒等需要自己动手加工制作。因此,玻璃加工操作是一项应当熟练掌握的基本技术。

(一)玻璃管的洁净和切割

需要加工的玻璃管(棒)应清洁和干燥。可视实验要求用自来水或蒸馏水清洗,制备熔点管的玻璃管则须先用洗液浸泡或用洗涤剂洗涤,再用蒸馏水清洗、干燥,然后方能加工。

玻璃管的切割是用锉刀(扁锉、三角锉)的边棱或用小砂轮在需要切割的地方朝一个方向锉一稍深的痕,不可来回乱锉,以免锉刀或小砂轮变钝,更可避免锉痕多,断裂处不平整。

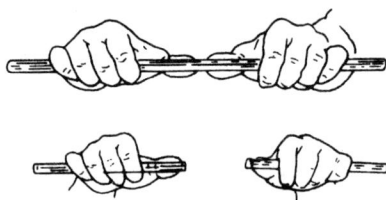

图 2-1　折断玻璃管

折断时,用双手握住玻璃管,尽量远离眼睛,以大拇指顶住锉痕背面的两边,轻轻向前推,同时朝两边拉,玻璃管即可平整地断开,如图 2-1 所示。断开的玻璃管边沿很锋利,折断的玻璃管可呈 45°角在氧化焰边沿处边烧熔边转动,即可使之光滑。不应烧得太久,以免管口缩小。

对于直径较粗和位于玻璃仪器上或近于端处折断的玻璃管,可利用玻璃管骤然受强热或骤然遇冷易裂的性质使之断裂。具体做法是将一根末端拉细的玻璃管(棒)在煤气灯焰上加热至炽,使其成珠状,立即压触到用水润湿的粗玻璃管的锉痕处,这时锉痕因骤然受强热便会裂开。

(二)玻璃管的弯曲

玻璃管受热变软即可弯曲成实验中所需要的零件;操作中若操之过急或不得要领,便会因玻璃管两侧的收缩与伸长的不协调而在弯曲处出现瘪陷或纠结现象。欲使其协调,达到玻璃管的弯曲部分和非弯曲部分的管径接近一致,应按如下方法操作:将一段玻璃管在鱼尾灯头或大头喷灯上加热,受热长度约 5 cm,如图 2-2(a)所示。一边加热,一边慢慢转动使玻璃管受热均匀。当玻璃软化后即从火中取出(不可在火焰中弯玻璃管)这时玻璃管中间一段已软化,在重力作用下向下弯曲,双手水平持着,轻轻地向中心施力,使其弯曲至所需要的角度,如图 2-2(b)所示。绝对不要用力过大,以免在弯曲处玻璃管出现瘪陷或纠结。如果玻璃管要弯成较小的角度,则常需要分几次弯。每次弯一定的角度，重复操作(每次加热的中心应稍有偏移)，用积累的方式达到所需的角度。弯好的玻璃管应在同一平面上，如图 2-2(c)所示。

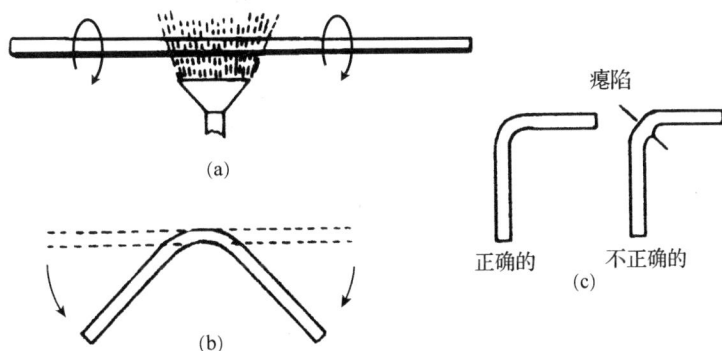

图 2-2　玻璃管弯曲
(a)鱼尾灯加热玻璃管　(b)弯管　(c)弯成的玻璃管

在无鱼尾灯的情况下，可将玻璃管一端用橡皮乳头套上或拉丝后封闭，斜放在煤气灯焰上加热玻璃管，待其发黄变软后，移出灯焰，在玻璃管开口一端稍加吹气，同时缓慢地将玻璃管弯至所需的角度。

加工后的玻璃管(棒)均应及时进行退火处理，退火方法是趁热在弱火焰中加热一会，然后将其慢慢移出火焰，再放在石棉网上冷却到室温。如果不进行退火处理，玻璃管(棒)内部因骤冷而产生很大的压力，易使玻璃管(棒)断裂。即使不立即断裂，过后也可能断裂。

(三)拉玻璃管

将一根洗净干燥的玻璃管先用小火烘，然后加大火焰[防止发生爆裂，每次加热玻璃管(棒)时都应如此]，并不断转动。一般习惯用左手握玻璃管转动，右手托住，如图 2-3(a)所示。转动时玻璃管不要上下前后移动。在玻璃管略微变软时，托玻璃管的右手也要以大致相同的速度将玻璃管做同方向(同轴)转动，以免玻璃管绞曲。当玻璃管发黄变软后，即可拉成需要的细度。在拉玻璃管时双手的握法和加热时相同，但玻璃管需倾斜，右手稍高，双手做同方向旋转，边拉边转动。拉好后双手不能马上松开，尚需继续转动，直至完全变硬后，由一手垂直提着，另一手在上端拉细的适当地方截断，置于石棉网上(切不可直接放在实验台上)，另一端也如上法处理。拉出来的细管要求和原来的玻璃管在同一轴上，不能歪斜。应用这一操作能顺利地将玻璃管制成合格的滴管。如果玻璃管受热不均或拉时用力不当，则拉成的滴管不会对称于中心轴，如图 2-3(b)所示。

(四)制备熔点管及沸点管

1. 熔点管

取一根清洁干燥(用洗液浸泡，且用蒸馏水洗涤)、直径约 1 cm、壁厚约 1 mm 的玻璃管，放在灯焰上加热，火焰由小到大，不断转动玻璃管一直加热到玻璃管发黄红光且

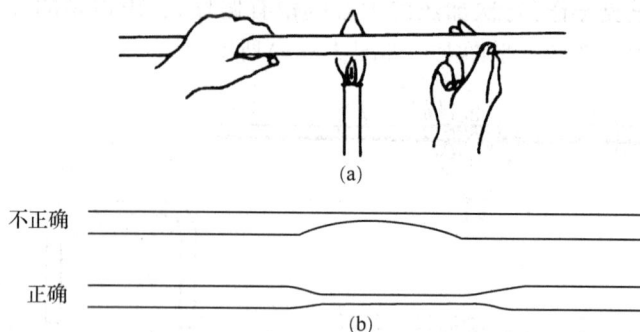

图 2-3 拉玻璃管
(a)拉玻璃管 (b)拉丝后的玻璃管

变软后移出火焰，此时双手改为同时握玻璃管做同方向来回旋转，水平地向两边拉开，如图 2-4(a)所示，开始拉时要慢些，然后较快地拉长，同时注意玻璃管粗细的变化，至内径约为 1 mm 时停止拉长，但仍要拉着两端呈直线状，待稍冷变硬后再放在石棉网上冷却至室温。然后截取一段所需内径的毛细管，并将其截成长为 15 cm 左右的小段，两端用小火封闭。封管时，将毛细管呈 45°角于小火的边沿处，一边转动一边加热，至封口一合拢，立即拿出。做到既封严，又不烧扭成块。封好的毛细管放入长试管里保存，以备测熔点用。用时从中间割断即得两根熔点管。

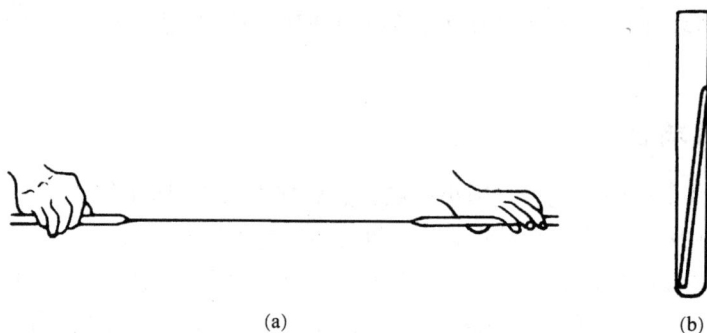

图 2-4 制备熔点管和沸点管
(a)拉熔点管 (b)沸点管

2. 沸点管

用上法拉成内径为 4~5 mm 的小玻璃管，截成 7~8 cm 长一根，将一端封闭，以此作为沸点管的外管。另将熔点管截成 4 cm 长一根，封闭一端，以此作为沸点管的内管。由此两根粗细不同的毛细管即构成微量法测沸点用的沸点管，如图 2-4(b)所示。

(五)注意事项

1. 加热玻璃管、玻璃棒之前，应先用小火加热，然后再大火加热，以免爆裂。
2. 加热后的玻璃管、玻璃棒应经过退火处理：在弱火焰中再加热一会儿，然后慢慢移离火焰。

3. 加工好的玻璃管、玻璃棒应放在石棉网上缓慢冷却至室温，切勿直接放在实验台上。

4. 操作过程要小心，避免烫伤、割伤。

（六）思考题

1. 截断玻璃管时，需要注意什么？
2. 如何弯曲和拉细玻璃管？
3. 给玻璃管装配塞子时，怎样操作才安全？

二、加热与冷却

（一）加热

由于有机化学反应较慢，一般情况下，升高温度则反应速度加快，大体上温度每升高 $10℃$，反应速度就要增加一倍。因此，为了增加反应速度，往往需要在加热条件下进行反应。

化学实验室中常用的热源有煤气灯、酒精灯和电炉等。必须注意，玻璃仪器一般不能用火焰直接加热。因为剧烈的温度变化和受热不均会造成玻璃仪器的破损及燃烧等事故的发生。有时局部过热还会引起有机化合物的部分分解。所以，应当根据液体和有机化合物的性质，以及有机反应的特点选择适当的加热方法。

烧瓶下面放块石棉网加热，可扩大受热面积，是一种简单的加热方式。但因加热仍很不均匀，故在减压蒸馏或回流低沸点易燃物时就不能应用。为克服这种缺陷，常选用热浴来进行间接加热（热浴的液面高度应略高于容器中的液面）。

1. 水浴

当需要的加热温度在 $80℃$ 以下时，可将容器浸入水浴中（注意：勿使容器触及水浴锅底部），并控制加热速度，以保持所需的温度。若加热时间较长，水浴中的水势必汽化外逸，这种情况下，可采用附有自动添水装置的水浴（图 2-5）。这样既方便，又可保证加热温度的恒定。为防止水汽进入反应容器中，可在使用的水浴锅上覆盖一组环形圆圈。

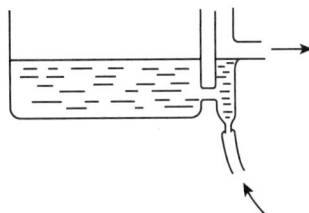

图 2-5　附有自动添水装置的水浴

若需加热到 $100℃$，可采用沸水浴或水蒸气浴。

2. 油浴

在 $100\sim250℃$ 加热可采用油浴。油浴所能达到的最高温度取决于所用油的种类。若在植物油中加入 1% 对苯二酚，便可增加它们在受热时的稳定性。

透明液体石蜡可加热到 $220℃$，温度过高并不分解，但易燃烧。

甘油和邻苯二甲酸的正丁酯适用于加热到 $140\sim150℃$，温度过高则易分解。

油浴加热时要防止污染实验室空气或引起火灾事故。并且油浴中应放温度计，以便随时调节温度。

3. 沙浴

加热温度必须达到数百摄氏度以上时往往使用沙浴。将清洁而又干燥的细沙平铺在铁盘上，盛有液体的容器埋入沙中，在铁盘下加热，液体便可间接受热。

沙对热的传导能力差而散热却快，温度上升较慢且不易控制，因而使用不广。

4. 空气浴

加热温度较高可采用空气浴(原则上液体沸点在80℃以上均可)加热。简便的空气

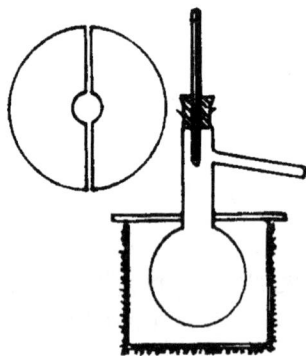

浴可用下法制作：取空的铁罐一只，剪掉罐口边缘，在罐的底层打数行小孔，另将圆形石棉片(直径略小于罐底，厚2~3 mm)放入罐中，使其盖在小孔上，罐的四周用石棉布包裹。另取一块直径略大于罐口，厚2~4 mm 的石棉板，其上挖一直径接近于容器颈部的小洞，然后对切为二，作为加热时的盖板，此即空气浴。使用时将其置于三脚架上加热即可，反应器或蒸馏瓶在罐中的位置如图2-6所示。

当物质在高温加热时，也可以使用熔融的盐和其他热源，如红外灯、封闭式电炉加热水浴、电热恒温水浴、电加热套等。操作中可根据具体要求选用。

图 2-6 空气浴

(二)冷却

有些反应因室温下中间体不稳定，所以必须在低温下进行，有的反应因大量放热使反应难以控制或导致有机物的分解或导致副反应。所以，反应过程中需冷却以除去过剩的热量。有时为了降低固体化合物在溶剂中的溶解度或促使晶体析出，也常需要冷却。冷却方法是将装有反应物的容器浸入冷却剂中。

室温下进行的反应，用冷水冷却即可达到目的，低于室温的反应，最常用的冷却剂是冰或冰水的混合物，后者能与器壁接触得更充分，故冷却效果优于单用冰作冷却剂。若需将反应混合物冷却到0℃以下时，可用食盐和碎冰的混合物。当食盐∶冰=1∶3时，温度可降至-20℃，但实际操作中温度可降至-18~-5℃。

在实际操作中，10 份六水合氯化钙(CaCl$_2$·6H$_2$O)结晶与7~8 份碎冰均匀混合，温度可降至-40~-20℃。

干冰(固体二氧化碳)与适当的有机溶剂混合时，可得到更低的温度，与乙醇的混合物可达-72℃，与乙醚、丙酮或三氯甲烷(氯仿)的混合物可达到-77℃。

温度若低于-38℃时，则不能使用水银温度计。较低温度下，常使用内装有机液体的低温温度计。

(三)注意事项

1. 使用水浴时，勿使容器触及水浴器壁或其底部。
2. 使用液体热浴时，热浴的液面应略高于容器中的液面。
3. 用油浴加热时，要特别小心，防止着火，当油受热冒烟时，应立即停止加热。

（四）思考题

1. 有机实验中有哪些常见的加热方法？操作时需要注意什么？
2. 有机实验中有哪些常用的冷却介质？应用范围如何？

三、干燥和干燥剂的使用

有机化合物在进行结构分析、定性、定量化学分析和在测定熔点、沸点之前，为保证结果的准确性，均需完全干燥。而且有些有机化学合成实验对无水条件要求极为严格，不但所有的原料、溶剂、仪器需干燥，还要安装干燥管以防止空气中的水分进入反应体系。因此，干燥和干燥剂的使用是有机化学实验室的一项重要的基本操作。

（一）基本原理

干燥方法有物理法和化学法。物理法有吸附、分馏、利用共沸蒸馏将水分带走等。用离子交换树脂和分子筛等来进行干燥是近年来常用的方法。离子交换树脂是一种不溶于水、酸、碱和有机物的高分子聚合物。例如，苯磺酸钾型阳离子交换树脂是由苯乙烯和二乙烯基苯共聚合后经磺化、中和等处理的细圆珠状粒子，内有很多空隙，可以吸附水分子。经加热释放出水分子后，又可再生。分子筛是多水硅铝酸盐的晶体，晶体内部有许多孔径大小均一的孔道和占本身体积一半左右的许多孔穴，它允许小的分子躲进去而达到将不同大小的分子筛分的目的。

化学法是用干燥剂进行去水，根据其去水作用可分为两类：一类是能与水可逆地结合生成水合物，如氯化钙、硫酸镁等；另一类是与水经不可逆化学反应而生成一个新化合物，如氧化钙、金属钠、金属镁、五氧化二磷等。

目前，有机化学实验中应用最广的是第一类干燥剂。应用时应注意：

（1）因为是可逆反应，所以不可能将水分完全除尽。干燥剂的加入量一般以 5% 左右为宜。

（2）干燥剂只适用于干燥含有少量水的液体有机化合物。所以，萃取时应尽量将水去净，才能使用干燥剂干燥。

（3）干燥剂吸收水分是可逆的，温度升高时蒸气压也升高，因此液体有机物在进行蒸馏之前，必须将这类干燥剂滤除。

（4）干燥剂形成水合物达到平衡需要一定时间，因此，加入干燥剂后，最少要 2 h 或者再长一点。与水作用生成新化合物的干燥剂，蒸馏时不必滤除。

（二）干燥的操作

1. 液体有机化合物的干燥

（1）采用分馏和生成共沸混合物的方法除去少量水分，共沸脱水的方法在工业上应用较广。能与水形成二元、三元、四元共沸混合物的液体有机物，其沸点均低于该溶剂本身的沸点，当混合物蒸馏完毕，即剩下无水溶剂。

（2）使用干燥剂脱水。

①干燥剂的选择。液体有机化合物的干燥，通常将干燥剂直接与其接触，因而所用的干燥剂必须不与该物质发生化学反应或催化作用，不溶解于该液体中。不可将碱性干燥剂用于酸性物质，反之也不可将酸性干燥剂用于碱性物质。所用干燥剂与被干燥有机物能形成络合物时也不可选用。

选择干燥剂还要考虑干燥剂的吸水容量和干燥效能。吸水容量是指单位质量干燥剂所吸收的水量；干燥效能是指达到平衡时液体干燥的程度，对于形成水合物的无机盐干燥剂，常用吸水后结晶水的蒸气压来表示。某种干燥剂的吸水容量与干燥效能并不是统一的。硫酸钠的吸水容量(10个结晶水)为1.25；氯化钙最多能形成6个结晶水的水合物，吸水容量为0.97，两者在25℃时水蒸气压分别为2 569 Pa和40 Pa。所以，当干燥含水量较大而又不易干燥的化合物时，常先用吸水量较大的干燥剂除去大部分水分，然后用干燥性能强的干燥剂干燥。

此外，选择干燥剂还要考虑干燥速度和干燥剂价格，常用干燥剂的应用见附录6。

②干燥剂的用量。干燥剂的最低用量可以根据水在液体中的溶解度和干燥剂的吸水量计算得到。但实际上，用量远较计算结果多。这是因为萃取时，有机层中的水分不可能完全分离干净，其中还有悬浮的微细水滴。另外，达到高水合物需要的时间很长，往往不能达到它应有的吸水容量，因此干燥剂的实际用量是大大过量的。

干燥液体有机物时，可从《试剂手册》查出水在其中的溶解度，或根据它的结果来估计干燥剂的用量。一般含亲水性基团的化合物，所用干燥剂量需要多些；不含亲水性基团的化合物可用量少些。由于干燥剂也能吸附一部分有机液体，影响产品的产率，所以干燥剂的用量应有所控制。可先加入一些干燥剂静置一段时间，经过滤再用干燥性能强的干燥剂。一般干燥剂用量为每10 mL液体需0.5~1 g。但实际用量常因实验的具体情况而异，所以仅作为参考。

③实验步骤。需干燥的液体有机化合物，在干燥前应尽可能分离干净水分，不应有任何可见的水层。将液体置于干燥锥形瓶内，选择颗粒大小适宜、均匀的干燥剂放入液体内，用塞子塞紧，振荡片刻。如发现干燥剂附着瓶壁互相粘连，说明干燥剂量小，应继续添加；如发现出现少量水层，必须用吸管将水层吸去后，再加一些新的干燥剂。放置一段时间，并时时加以振荡至澄清。然后将已干燥的液体过滤后进行蒸馏。对于能与水反应生成比较稳定产物的干燥剂，可不必过滤，直接进行蒸馏即可。

2. 固体有机化合物的干燥

固体有机化合物的干燥是指除去残留在固体上的少量溶剂(如水、乙醇、乙醚、苯等)。在重结晶中会介绍一些结晶的干燥方法，如自然干燥、加热干燥，此处再介绍一下干燥器及干燥有机物时应注意的事项。

(1)普通干燥器(图2-7)。盖与缸身之间的平面经过磨砂，在磨砂处涂以润滑脂，使之密闭。缸中有多孔瓷板，瓷板下面放置干燥剂，上面放置盛有待干燥样品的表面皿等。它干燥样品时间长，效率低，一般适用于保存易潮湿的药品。

(2)真空干燥器(图2-8)。它的干燥效率较普通干燥器高。真空干燥器上有玻璃活塞，用于抽真空，活塞下端呈弯钩状，口向上，防止在接通大气时，因空气流入太快将固体冲散。最好另用一个表面皿覆盖盛有样品的表面皿。用水泵抽气，抽真空时，外面

图 2-7　普通干燥器　　　图 2-8　真空干燥器

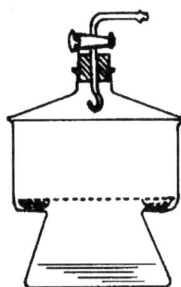

套以铁丝网或布包，以防玻璃炸裂。新干燥器应先试抽，检验是否耐压。抽气时应有防止倒吸的安全装置。

　　干燥剂的选择应依样品所含的溶剂而定，同时不与被干燥的固体有机物发生化学反应。有时在干燥器中同时放置两种干燥剂。干燥剂放在干燥器内的隔板下面，被干燥的样品用表面皿等盛放在隔板上面。干燥器内常用的干燥剂见表 2-1 所列。

表 2-1　干燥器内常用的干燥剂

干燥剂	吸去的溶剂或其他杂质
氧化钙	水、乙酸、氯化氢
氯化钙	水、醇
氢氧化钠	水、乙酸、氯化氢、酚、醇
浓硫酸*	水、乙酸、醇
五氧化二磷	水、醇
石蜡片	醇、醚、石油醚、苯、甲苯、氯仿、四氯化碳
硅胶	水

　　注：*为了判断浓硫酸是否失效，通常在 1 000 mL 浓硫酸中，溶解 18 g 硫酸钡，浓硫酸吸水后，浓度降低至 84% 以下，有细小的硫酸钡结晶析出，就应更换浓硫酸。

　　(3)真空恒温干燥器(图 2-9)。又称干燥枪。干燥效率高，尤其适用于结晶水及结晶醇的脱去。此设备适用于少量物质的干燥(若被干燥物质量较大时，可用真空恒温干燥箱)，使用时将装有样品的小瓷舟放入夹层内，连接盛有干燥剂(常用五氧化二磷)的曲颈瓶，然后用水泵减压，抽到一定真空度时，先将活塞关闭，即停止抽气，若不关闭活塞再连续抽真空，则干燥枪内的气体不能再流入水泵，反而有可能使水汽扩散到干燥枪内得到相反的结果。在整个干燥过程中，每隔一定时间抽一次气。根据被干燥有机物的性质，选用适当的溶剂进行加热，溶剂的蒸气充满夹层外面，而使夹层内样品在减压和恒定的温度下进行干燥。

图 2-9　真空恒温干燥器

3. 几种常用气体的干燥

　　(1)用吸附剂吸水。吸附剂是指对水有较大亲和力，但不与水形

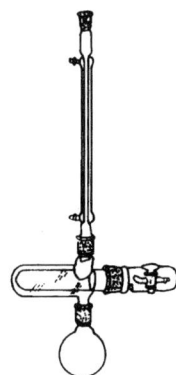

成化合物，而且加热后可重新使用的物质，如氧化铝、硅胶等。前者吸水容量可达其质量的 15%～20%，后者可达其质量的 20%～30%。

（2）用干燥剂吸水。常用气体的干燥剂列于表 2-2 中。装干燥剂的仪器有干燥管、干燥塔、U 形管及各种形式的洗气瓶。前三者装固体干燥剂，后者装液体干燥剂。根据待干燥气体的性质、潮湿程度、反应条件及干燥剂的用量可选择不同的仪器。

表 2-2　干燥气体时所用的干燥剂

干燥剂	可干燥的气体
氧化钙、碱石灰、氢氧化钠、氢氧化钾	氨气类
无水氯化钙	氢气、氯化氢、二氧化碳、一氧化碳、二氧化硫、氮气、氧气、低级烷烃、醚、烯烃、卤代烃
五氧化二磷	氢气、氧气、一氧化碳、二氧化碳、二氧化硫、氮气、烷烃、乙烯
浓硫酸	氢气、氮气、二氧化碳、氯气、氯化氢、烷烃
溴化钙、溴化锌	溴化氢

（三）注意事项

1. 无水氯化钙、氧化钙干燥气体时，均应用颗粒状，勿用粉末状，以免吸潮后结块堵塞。

2. 用气体洗瓶时，应注意进、出管口不能接错，并调好气体流速，不宜过快。

3. 干燥完毕，应立即关闭各通路，以防吸潮。

（四）思考题

气体的干燥方法有哪些？常用的气体干燥剂有哪些？

四、熔点的测定及温度计的校正

熔点(m.p.)、沸点(b.p.)、折光率(n)和密度(d)等物理性质一直用作有机化合物的印证和鉴定。可能会有不止一种化合物在 1～2 个物理性质上具有相同的常数，然而要在每一个物理性质上都有相同常数的可能性极小。由此可见，熔点、沸点的测定对物质的鉴定非常有用。此外，测定熔点、沸点还可以提供有关物质纯度的数据。所以，熔点、沸点的测定是化学工作者应当掌握的一项基本技能。

（一）基本原理

物质的熔点是指该物质的液相和固相之间处于平衡状态时的温度。当纯物质的固液相混合物在熔点时被加热，正常情况下，在所有固体转变为液体之前（熔化），温度不会上升，如果移去热源，固液相混合物的温度也不会下降直至所有液体转变为固体（固化），所以纯物质的熔点与凝固点是一致的。纯物质的相组分、总的供热量及温度之间的关系可用图 2-10 来说明。

必须明确，应以恒定速度供给化合物热量，所以加热时间是所供应的累积热量的度量。化合物不到熔点时以固相存在，加热使固体的温度上升，当达到熔点时先有少量液体出现，而后固液相之间达到平衡。如继续加热，则温度不再变化。尽管提供的热量使固相不断转变为液相，然而两相之间仍为平衡。当最后一点固体熔融后，继续供应的热量便使温度线性上升，其速度与供热速度有关。

当有杂质存在时（二者不成固熔体），根据拉乌尔（Raoult）定律可知，在一定的压力和温度下，在溶剂中增加溶质的摩尔数，导致溶剂蒸气分压降低，因此该化合物的熔点较纯物质低。假设有一个在熔点温度的固体 A 与液体 A 的混合物，如将另一种纯物质 B 溶入液体 A 中，则固体将熔化。这是因为纯物质 B 的加入使液体 A 的蒸气压降低，而固体 A 的蒸气压保持不变，这样固体 A 分子进入液相的速度要比液相 A 分子进入固相的速度快。如果不断供应这一熔融过程所需的热量来保持温度恒定，则最终所有的固体 A 都将熔化。若不加热，则由于热能为熔化固体所消耗，温度将下降。当温度下降时，固体蒸气压要比它的溶液蒸气压下降得更快，它们会在较低的温度下达到相等，即在该温度下又建立起新的平衡。此较低温度就是混合物 A 和 B（即不纯的 A）的凝固点和熔点。B 作为杂质加得越多，混合物熔点就越低。以熔点 95.6℃ 的纯 α-萘酚中加入少量的萘（熔点 80℃）为例，图 2-11 说明了这种关系。

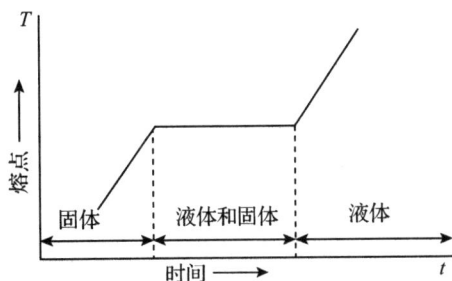

图 2-10　当时间和温度改变时纯物质的相变

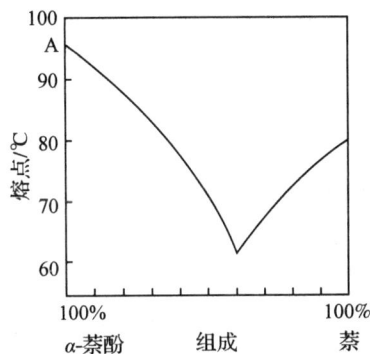

图 2-11　α-萘酚与萘的摩尔组成与熔点的关系

该混合物加热到 61℃ 即开始熔化，随着液相组分的改变，当温度超过 α-萘酚的全熔温度时，即全部熔化。可知若有杂质存在，固液平衡不是一个温度点，而是由 61℃ 至全熔温度的一段温度区间，其间固相和液相平衡的相对量在改变。这说明杂质的存在不但使初熔温度降低，还会使熔程变长，所以在测熔点时一定要记录初熔和全熔的温度。

将杂质加入纯化合物中从而产生熔点下降的方法可用于化合物的鉴定，这一重要方法叫作混合物熔点测定法。这可用实例来说明。假设有一种化合物在 133℃ 熔化，将该化合物与尿素（熔点 133℃）充分混合并测定混合物的熔点，若熔点低于 133℃，则尿素就是作为杂质，而该化合物不可能是尿素。若混合物熔点为 133℃，那么该化合物可初步认为是尿素。通常将熔点相同的两物质混合后测定熔点，如无降低现象即认为两物质相同（至少测定 3 种比例，即 1∶9、1∶1 和 9∶1）。用这一方法来否定一些可能的样品，要比肯定是某一样品的准确性大得多。因为有时（如形成新的化合物或固熔体）两种熔点相同的不同物质混合后熔点并不降低或反而升高。

(二)测定方法

1. 毛细管法

(1)熔点管的制备。见本章"一、简单玻璃加工"部分。

(2)样品的装入。放少许(约0.1 g)待测熔点的干燥样品于干净的表面皿上,研成粉末并集成一堆,将熔点管开口端向下插入粉末中,然后将熔点管开口端朝上轻轻在实验台上敲击,或取一支长30~40 cm的干净玻璃管,垂直于表面皿上,将熔点管从玻璃管上端自由落下,一般需如此重复数次,以便粉末样品装填紧密,样品装得不紧密会影响热量传导的速度和均匀程度,导致结果不准。沾于管外的粉末须拭去,以免沾染加热溶液。

(3)熔点浴。提勒管又称b形管,如图2-12(a)所示。管口装有开口软木塞,温度计插入其中,刻度面向木塞开口,其水银球位于b形管上下两叉管口之间,装好样品的熔点管,借少许溶液黏附于(或用橡皮圈固定)温度计下端,使样品的部分置于水银球侧面中部。b形管中装入加热液体(浴液),高度达上叉管处即可。

双浴式如图2-12(b)所示。将试管经开口软木塞插入250 mL平底或圆底烧瓶内,直至离瓶底约1 cm处,试管口也配一个开口软木塞插入温度计,其水银球距试管底0.5 cm。瓶内装入约占烧瓶2/3体积的加热液体,试管内也放入一些加热液体,在插入温度计后,其液面高度与瓶内相同,熔点管也按图2-12(c)黏附于温度计上。

测定熔点时,根据样品的熔点选择浴液。220℃以下可采用浓硫酸,也可采用磷酸(300℃以下)、液体石蜡或有机硅油等。220~320℃可采用7:3的浓硫酸和硫酸钾混合液。若温度再高,则需选用其他适用的加热介质或沙浴。

(4)熔点的测定。将熔点测定装置按上述装配好,放入加热介质,温度计水银球蘸取少量加热介质,将熔点管小心地黏附在水银球壁上(或用橡皮圈固定)。然后将固定有熔点管的温度计小心地插入热浴中。以小火在图示部位加热[图2-12(a)]。开始时升温速度可稍快,当热浴温度距所测样品熔点10~15℃时,放慢加热速度,保持在每分钟

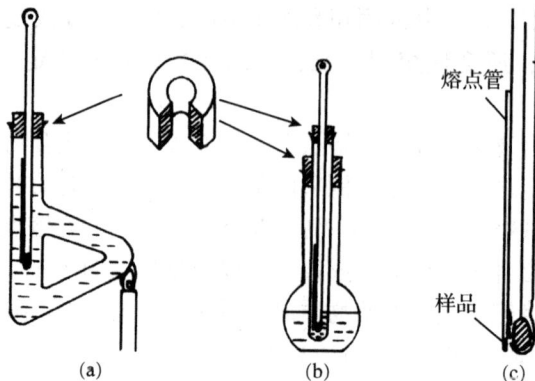

图2-12 熔点测定装置

升高 1~2℃，越接近熔点升温速度越慢，每分钟 0.2~0.3℃，升温速度是测得准确结果的关键。这样才可有充分的时间传递热量，使固体熔化，又可准确及时观察样品的变化和温度计所示度数。记下样品开始塌落并有液相产生(初熔)和固体完全消失时(全熔)的温度计读数，即为该化合物的熔程。加热过程中应注意观察是否有萎缩、软化、放出气体和分解现象。

熔点测定至少应有 2 次重复数据。每次测定必须用新的熔点管重新装样，不得将已测过熔点的熔点管冷却，使样品固化后再做第二次测定。因为有时某些化合物部分分解，有些经加热会转变为具有不同熔点的其他结晶形式。

如果测定未知物的熔点，应先对样品粗测一次，加热可稍快，测得样品大致的熔程后，第二次再做准确的测定。

熔点测定后，温度计的读数须对照校正图进行校正。

注意等熔点浴冷却后，方可将加热液倒回瓶中。温度计冷却后，用纸擦去热液方可用水冲洗，以免温度计水银球破裂。

对于易升华的化合物，可将装有样品的熔点管上端封闭后，全部浸入加热液中进行测定。

对于易吸潮的化合物，应快速装样，并立即将熔点管上端封闭，以免测定过程中吸潮影响测定结果。

2. 微量熔点测定法

微量熔点测定法的优点是：可测微量及高熔点(温度最高达 350℃)样品的熔点。通过放大镜可以观察样品加热变化的全过程，如结晶的失水、多晶的变化及分解等。图 2-13 为所用仪器及部分部件。

该仪器装有放大 50~100 倍的显微镜，在放置样品的台内装有电加热装置，升温速度由电位旋钮控制，温度计插在电热台侧面的孔内。具体操作为：在一干净的载玻片上放置经研细的微量样品，注意不可堆积，置于加热台上，并使样品位于台中心的光路孔上。用一载玻片盖住样品，调节镜头。使显微镜焦点对准样品，以便能清晰地看到样品的结晶。

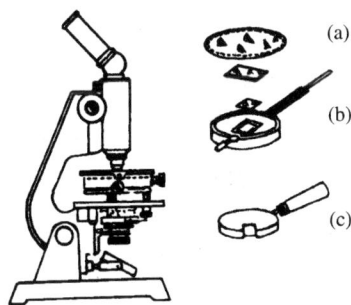

图 2-13　放大镜式微量熔点测定仪
(a) 放置微量样品的载玻片
(b) 放置载玻片的加热台
(c) 盖在加热板上的厚铝板

开启加热器，用电位器调节升温速度，当温度接近熔点 10~15℃时，控制升温速度为每分钟 1~2℃。当样品晶体棱角和边缘变圆时是熔化的开始，晶体完全消失是熔化的完成，则初熔至全熔时的温度范围即为熔程。

测定完毕后，停止加热，稍冷后用镊子取下载玻片，将一厚铝板盖放在加热板上，加快冷却，然后清洗玻片，以备再用。

显微测定仪如为隔夜后第一次使用，需要测定前先加热至 200℃以排除潮气。

（三）温度计校正

用以上方法测定熔点时，温度计上的熔点读数与真实熔点之间常有一定的偏差。这可能是由于温度计的质量所引起。例如，一般温度计中的毛细管孔径不一定是均匀的，有时刻度也不太准确。温度计有全浸式和半浸式，全浸式温度计的刻度是在温度计的汞线全部均匀受热的情况下刻出来的，而在测熔点时仅有部分汞线受热，因而露出的汞线温度较全部受热时低。另外，经长期使用的温度计，玻璃也可能发生体积变形而使刻度不准。为了校正温度计，可选用一标准温度计与之比较。也可采用纯有机化合物的熔点作校正标准，测定它们的熔点，以观察的熔点作纵坐标，测得熔点与准确熔点的差值作横坐标，画成曲线。在任一温度时的校正值即可直接从曲线中读出。

可供校正温度计的标准样品见表 2-3 所列，校正时可以具体选择。

表 2-3　校正温度计的标准样品

化合物	熔点/℃	化合物	熔点/℃
水-冰	0	苯甲酸	122.4
α-萘胺	50	尿素	135
二苯胺	53	二苯基羟基乙酸	151
对二氯苯	53	水杨酸	159
苯甲酸苄酯	71	对苯二酚	173~174
萘	80.55	3,5-二硝基苯甲酸	205
间二硝基苯	90.02	蒽	216.2~216.4
二苯乙二酮	95~96	酚酞	262~263
乙酰苯胺	114.3	蒽醌	286（升华）

零点的测定最好用蒸馏水和纯冰的混合物。在一个 15 cm×25 cm 的试管中放入蒸馏水 20 mL，将试管浸在冰盐浴中，至蒸馏水部分结冰，用玻璃棒搅动使之成冰-水混合物，将试管从冰盐浴中移出，然后将温度计插入冰-水中，用玻璃棒轻轻地搅动混合物，温度恒定 2~3 min 后再读数。

（四）注意事项

1. 装填样品的熔点管必须干净。
2. 熔点管底部使用前要仔细检查，未封好会导致漏管。
3. 样品粉碎要细，装填要实。
4. 样品不干燥或含有杂质会使熔点偏低，熔程偏大。
5. 温度计使用前应进行校验。
6. 不允许使用超过该种温度计的最大刻度值的测量值。

（五）思考题

1. 有机物熔点测定的方法有哪些？
2. 校正温度计的方法有哪些？

五、蒸馏及沸点测定

在有机化学反应中，除主反应产物外还伴有副反应产物，以及或多或少未起变化的原料及溶剂等，它们与所得的产物一起存在于反应混合物中。蒸馏则是将产物从杂质中分离出来的方法之一。同时，通过蒸馏还可以测出化合物的沸点。所以，蒸馏对鉴定纯的有机化合物也具有一定的意义。

(一)基本原理

液体与它的蒸气平衡时的压力称为蒸气压，它只与温度有关，与体系中存在的液体和蒸气的绝对量无关。

将液体加热，它的蒸气压就随着温度的升高而增大，图 2-14 可以说明这一点。当液体的蒸气压与施于液面的总压力(通常是大气压力)相等时，液体便开始沸腾。这时的温度称为液体的沸点。沸点与所受外界压力的大小有关。通常所说的沸点是指在 101 325 Pa(1 个大气压)下液体沸腾时的温度。在说明液体沸点时应注明压力。例如，水的沸点为

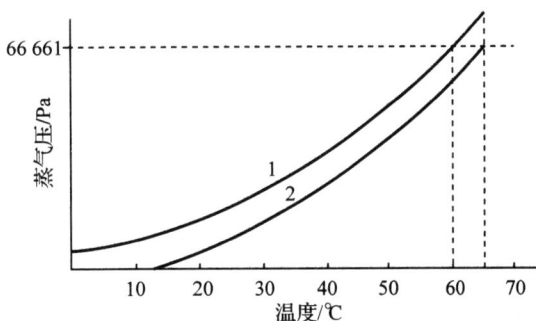

图 2-14　温度与蒸气压关系

100℃，是指在 101 325 Pa 的压力下，水在 100℃沸腾。当压力为 94 659 Pa 时，水在98.11℃沸腾，这时水的沸点可表示为 98.11℃/94 659 Pa。

将液体加热至沸点，使液体变为蒸气，然后使蒸气冷却而凝结为液体的过程称为蒸馏。通过蒸馏可将易挥发的物质和不挥发的物质分离，也可将沸点不同的液体混合物分离。但液体混合物各组分的沸点必须相差很大(至少 30℃以上)才能得到较好的分离效果。

纯的液体有机化合物在一定的压力下具有一定的沸点。但是具有固定沸点的液体不一定都是纯化合物，因为某些有机化合物常和其他组分形成二元或三元共沸混合物，它们也有一定的沸点。

(二)蒸馏操作

蒸馏瓶的大小应与蒸馏物的量相适应，一般蒸馏物的体积占蒸馏瓶体积的 1/3~1/2。温度计水银球的上限应和蒸馏瓶支管的下限在同一水平线上。冷凝水从冷凝管外套的下端进入，与馏出蒸气对流进行热交换后，从上端流出。整个装置必须与外界大气相通，不得成为封闭体系。

安装顺序参照图 1-4，一般先从热源处开始，然后由下而上，从左到右。整个装置要求无论从正面或侧面观察，全套仪器中各个仪器的轴线都在同一平面内。所有的铁夹

和铁架都应尽可能整齐地放在仪器的背部。

1. 加料

将待蒸馏液通过玻璃漏斗或直接沿着面对支管口的瓶颈小心倒入蒸馏瓶中。然后加入助沸物(敲碎成小粒的素烧瓷片或毛细管、玻璃沸石等孔性物质),安装好温度计。再一次检查仪器的各部分连接是否紧密和妥善,是否为封闭体系。

当液体加热沸腾时,助沸物内的小气泡成为液体分子的气化中心,保证液体平稳地沸腾,不会因为过热而发生暴沸现象。如果加热前忘记加入助沸物,必须移去热源,使液体冷却后再补加。如果沸腾中途停止过,则在重新加热前应加入新的助沸物。

2. 加热

接通冷凝水后即可开始加热。随着不断加热,瓶内液体逐渐沸腾,蒸气也随之上升,温度计读数也略有上升。当蒸气的顶端到达水银球部位时,温度计读数便急剧上升。这时应降低加热速度,蒸气顶端停留在原处使瓶颈上部和温度计受热,使水银球上液滴蒸气温度达到平衡。然后稍微提高加热速度,进行蒸馏。通常蒸馏速度控制在每秒蒸出 1~2 滴为宜。蒸馏过程中温度计保持有液滴,此时的温度即为液体与蒸气达到平衡的温度,温度计的读数就是馏出液的沸点。蒸馏时火焰不能太大,否则会在蒸馏瓶的颈部造成过热现象,使一部分液体的蒸气直接受到火焰的热量,这样由温度计读得的沸点会偏高;蒸馏也不能进行得太慢,否则由于温度计的水银球不能为馏出液蒸气充分浸润而使从温度计上读得的沸点偏低或不规则。

3. 收集馏出液

蒸馏时在达到需要物质的沸点之前,常有沸点较低的液体先蒸出。这部分馏出液称为前馏分或馏头。前馏分蒸完,温度趋于稳定后,馏出的就是较纯物质,这时应更换一个洁净干燥的接收器接收。这部分液体开始馏出到最后一滴时的温度读数即是该馏分的沸程。若被蒸馏液中含有高沸点杂质,那么在需要馏分蒸出后,再继续升高加热温度,温度计读数会显著升高;若维持原来的加热速度,就不会再有馏出液蒸出,温度会突然下降,这时就应停止蒸馏。务必不要蒸干,以免发生蒸馏瓶破裂及爆炸事故。

蒸馏完毕,移去热源,关闭冷凝水,然后按照安装相反的顺序拆除仪器。

液体的沸程可代表它的纯度,纯液体的沸程一般不超过 1~2℃。

(三)微量法测定沸点

如果提供的液体不适宜做沸点的常规测定,应采用微量法。

用滴管向一端封口的长 7~8 cm、粗 5 mm 的沸点管的外管中加几滴待测液体,把一根测熔点用的毛细管开口向下放入这个沸点管中,用橡皮圈将沸点管固定在温度计上,然后按图 2-15 放入提勒管中。做好一切准备后开始加热提勒管。开始时有小气泡从毛细管中逸出。继续以稳定的速度升温,每分钟上升 4~5℃,直至有连续和迅速的气泡流从毛细管的底部逸出,停止加热,让体系慢慢冷却,产生气泡速度也随之减慢。当气泡完全停止产生,液体开始回到毛细管的一瞬间(此时两液面相平,毛细管内的蒸气压与外界压力相等),记下温度,即为该液体样品的沸点。

（四）注意事项

1. 蒸馏仪器安装时各铁夹不应夹得太紧或太松，以夹住后稍用力尚能转动为宜。

2. 蒸馏速度避免过快，否则会增大馏出液中的高沸点成分，使分离不完全。

3. 微量法测沸点时，不可过早停止加热，以免封在毛细管中的空气冷却，体积缩小，从而使液体进入毛细管而得不到真实的温度读数。

（五）思考题

1. 蒸馏中途停止后，继续蒸馏时为何应加新的助沸物？

2. 温度计水银球的上限为什么要与蒸馏瓶支管的下限在同一水平线上？过高或过低会产生什么结果？

3. 如果液体具有恒定的沸点，能否认为它是纯物质？

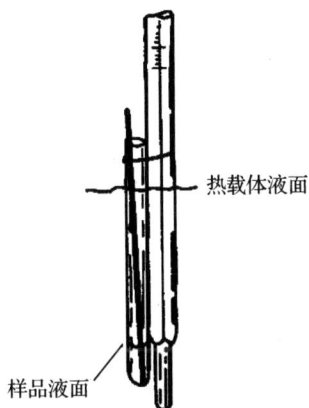

热载体液面

样品液面

图 2-15　微量法测沸点的装置

六、减压蒸馏

蒸馏是在液体的总蒸气压与外界大气压相等时的温度（沸点）下进行的，然而在许多情况下，此时的温度不适合于欲分离的化合物，因为某些化合物在正常沸点温度下蒸馏可能发生分解、氧化或分子重排，有时在较高温度下所含有的杂质可能促进这些反应。为解决这些问题，用降低体系内压以使沸点下降的方式，即减压蒸馏（又称真空蒸馏）来达到分离纯化的目的。

（一）基本原理

根据沸点的定义可知，液体沸腾的温度是随外界压力的降低而降低的。在给定压力下的沸点可近似地从式(2-1)求出：

$$\lg P = A + B/T \tag{2-1}$$

式中，P 为蒸气压；T 为沸点（绝对温度）；A、B 为常数。

如以 $\lg P$ 为纵坐标，$1/T$ 为横坐标作图，可以近似地得一直线。因此，可从两组已知的压力和温度算出 A 和 B 的数值。再将所选择的压力代入式(2-1)中算出液体的沸点。

压力降低对沸点的影响可做如下估算：

(1) 当大气压降至 3 333 Pa 时，高沸点化合物（250～300℃）的沸点随之下降 100～125℃。

(2) 当大气压在 3 333 Pa 以下时，压力每降低一半，沸点下降 10℃。若要更正确地了解不同压力下的沸点可查阅有关图表和计算表。例如，参阅图 2-16，从一个化合物某一压力下的沸点可推算另一压力下沸点的近似值。设一有机化合物常压下沸点为25℃，要减压到2 666 Pa，这时它的沸点应为多少？可先从图2-16中间的直线上找出相当于250℃的沸点，将此点与右边直线上的2 666 Pa的点联成一直线，延长此直线与左边的直线相交，交点所示的温度就是2 666 Pa时的某一有机化合物的沸点，约为130℃。

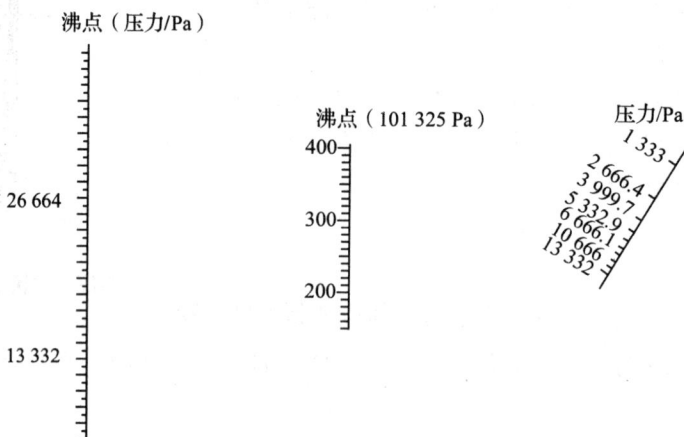

图2-16　液体在常压下的沸点与减压下的沸点的近似关系

(二)减压蒸馏装置

图2-17是常用的减压蒸馏系统。整个系统可分为蒸馏部分、减压部分和保护及测压装置部分。

1. 蒸馏部分

减压蒸馏瓶又称克氏(Claisen)蒸馏瓶，有两个颈，一颈中插入温度计，另一颈中插入毛细管，其下端距瓶底1~2 mm，上端有一带螺旋夹的橡皮管，调节螺旋夹可使少量空气进入液体中产生微小气泡，产生液体沸腾的气化中心，保证蒸馏平稳进行。接收器用蒸馏瓶或抽滤瓶。热浴和冷凝管可根据液体的沸点来选择。

2. 减压部分

实验室通常用水泵或油泵进行减压。水泵所能达到的最低压力为当时室温下的水蒸气压。当然水的蒸气压会随室温的不同而变化。油泵的效能决定于油泵机械结构和油的好坏。好的油泵能抽至真空度13 Pa。

3. 保护及测压装置部分

用油泵进行减压时，为了防止易挥发的有机溶剂、酸性物质和水汽进入油泵。需要在馏出液接收器与油泵之间依次安装冷却阱和几种吸收塔以保护泵油和机件。冷却阱置于盛有冷却剂(如冰-水、冰-盐、干冰等)的保温瓶中。吸收塔通常设两个，前一个装无水氯化钙(或硅胶)，后一个装粒状氢氧化钠。有时为吸收烃类气体，可再加一个装石蜡片的吸收塔。

实验室通常采用水银压力计来测量减压系统的压力，有开口式和封闭式两种。

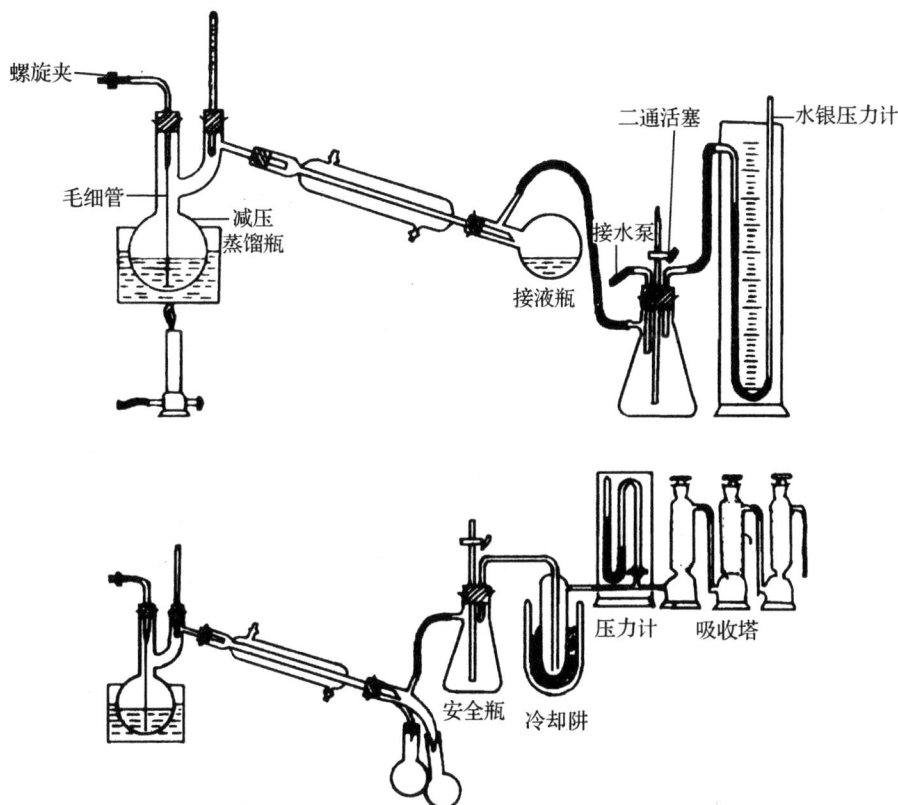

图 2-17　减压蒸馏系统

在泵前还应连上一个安全瓶，瓶上的二通活塞供调节压力系统及放气之用。

(三) 减压蒸馏操作

当被蒸馏物中含有低沸点的物质时，应先进行普通蒸馏，然后用水泵减压蒸去低沸点物，最后再用油泵减压蒸馏。

蒸馏瓶内液体不可超过一半，可用油浴或其他适当的方法加热。为了防止暴沸现象，蒸馏瓶浸入油浴时其深度应超过瓶内的液面。绝不可用火直接加热蒸馏瓶，以免因局部过热引起暴沸。

仪器装配时将所有接头润滑并密封，防止漏气。检查插毛细管的温度计的橡胶配件是否装紧。安全瓶的三孔胶塞和玻璃管都要紧密相连。所有真空接管都用厚壁胶管连接。

在将液体倒入蒸馏瓶以前，将装配好的全套仪器测试一遍以确定整个系统不漏气。将所需蒸馏的液体倒入烧瓶，旋紧毛细管上的螺旋夹，打开安全瓶上的二通活塞，然后开泵抽气。逐渐关闭二通活塞，从水银压力计上观察系统所能达到的真空度。调节螺旋夹，使液体中有连续平稳的小气泡通过。开启冷凝水，选用合适的热浴加热蒸馏。控制浴温比待蒸馏液体的沸点高 20~30℃，馏出液馏出速度控制在每秒 1~2 滴。整个蒸馏过程中，注意监测温度和压力的变化，并记录压力、沸点等数据和蒸馏情况。若起始蒸出的馏出液沸点较欲收集的物质低，则在蒸至接近预期的温度时需换接收器。此时应先移去热源、热浴，稍冷后接通大气，然后松开毛细管的螺旋夹，关闭油泵，换上另一接收器，再重复前述操作，加热蒸馏收集所需产物。

蒸馏结束时，先移去热源，让蒸馏瓶冷却，然后慢慢放掉真空，待系统内外压力平衡，关闭油泵，以免因系统中存在真空，导致油泵中的油吸入干燥塔。

(四)注意事项

1. 减压蒸馏系统中切勿使用有裂缝的或薄壁的玻璃仪器，尤其不可用平底瓶(如锥形瓶)。因为减压后，装置外部面积受到的压力可达几百千克，可能造成内向爆炸，冲入的空气会使玻璃仪器粉碎。同时还会因油浴中热油溅起而造成灼伤。故必须小心地检查玻璃仪器并戴防护镜。

2. 为了正确、顺利地进行减压蒸馏，应保持缓慢而稳定的蒸馏速度，因为蒸馏速度过快，由高速度蒸气所引起的反压力使蒸馏柱里压力比压力表上读得的压力更高，而压力表是在冷凝管与接收器旁边，不受未冷凝蒸气的影响，会造成实际压力与测得压力的差距。

(五)思考题

1. 什么情况下使用减压蒸馏？
2. 当减压蒸馏完所要的化合物后，应如何停止减压蒸馏？为什么？

七、水蒸气蒸馏

水蒸气蒸馏是纯化分离有机化合物的重要方法之一。此法常用于下列几种情况：
(1)用于纯化沸点高、热稳定性差、高温下易分解的化合物。
(2)混合物中含有大量的树脂状杂质或不挥发性杂质(如有机反应中常易产生的焦油)。
(3)从固体多的反应混合物中分离被吸附的液体产物。
使用水蒸气蒸馏，被提纯化合物应具备下列条件：
(1)不溶或难溶于水。
(2)在100℃左右，具有一定的蒸气压，666.5~1 333 Pa。
(3)在沸腾条件下，与水不起化学反应。

(一)基本原理

不混溶的挥发性物质的混合物，其中每一组分 i 在一定温度时的分压 p，等于在同一温度下的纯化合物蒸气压 p_i^0。

$$p_i = p_i^0 \tag{2-2}$$

而不是由混合物中各化合物的摩尔分数决定。也就是说混合物的每一组分是独立蒸发的。这一性质与互溶液体的溶液完全相反。互溶液体中每一组分的分压决定于溶液中物质的量分数(Paoult 定律)。气体混合物的总压力 $p_总$ 根据道尔顿定律等于各气体分压的总和，所以互不相溶的挥发性化合物的混合物总蒸气压为

$$p_总 = p_a^0 + p_b^0 + \cdots + p_i^0 \tag{2-3}$$

从式(2-3)中可知，任何温度下混合物的总蒸气压总是大于任一组分的蒸气压，因为它包括混合物其他组分的蒸气压。由此可见，不互溶物质的混合物的沸点要比沸点最低组分的沸腾温度还要低。

图 2-18 是溴苯(沸点 156℃)、水(沸点 100℃)及溴苯与水的混合物的蒸气压与温度的关系的曲线。由图可知，溴苯-水混合物应在 95℃左右沸腾，即在该温度总蒸气压就等于大气压。正如前面所预见，此温度低于水的沸点，而这个混合物中水是最低沸点的组分。因此，要在 100℃或更低温度下蒸馏化合物，水蒸气蒸馏是一种有效的方法。

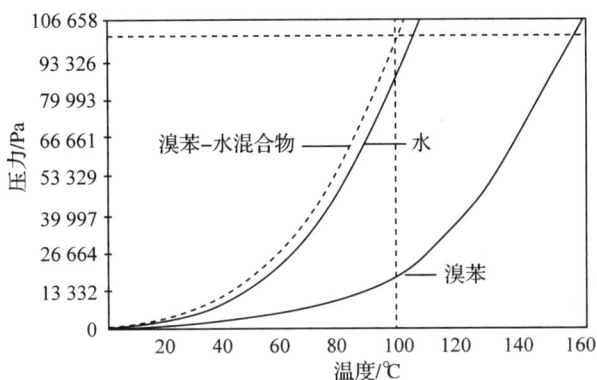

图 2-18　溴苯、水及溴苯-水混合物的蒸气压与温度的关系

水蒸气蒸馏中冷凝液的组成由所蒸馏的化合物的相对分子质量和在此蒸馏温度时它们的相应蒸气压决定。若考虑两个互不相溶组分 A、B 的混合物，且将 A、B 的蒸气看作理想气体，则混合物气体中各气体分压(p_A、p_B)之比等于它们的物质的量(n_A、n_B)之比，即

$$n_A/n_B = p_A/p_B \tag{2-4}$$

而 $n_A = W_A/M_A$，$n_B = W_B/M_A$，其中 W_A、W_B 为各物质在一定容积中的质量，M_A、M_B 为其相对分子质量。因此，

$$\frac{W_A}{W_B} = \frac{M_A n_A}{M_B n_B} = \frac{M_A p_A}{M_B p_B} \tag{2-5}$$

水具有低的相对分子质量和较大的蒸气压，它们的乘积 $M_A p_A$ 较小。这样就有可能用来分离较高相对分子质量和较低蒸气压的物质。

以溴苯和水在 95℃时沸腾为例，这时 $p_{H_2O} = 86\ 126\ Pa$，$p_{Br} = 15\ 198\ Pa$，它们的相对分子质量分别为 18 和 157，代入式(2-5)得

$$\frac{W_A}{W_B} = \frac{86\ 126 \times 18}{15\ 198 \times 157} = \frac{6.5}{10}$$

即蒸出 6.5 g 水能够带出 10 g 溴苯, 溴苯在馏出液中的组分占 61%。可见, 溴苯和水的蒸气压之比约为 1:6, 而溴苯的相对分子质量较水大 9 倍, 所以馏出液中溴苯的含量较水多。

但是, 相对分子质量越大的物质, 一般情况下蒸气压也越低。虽然某些物质相对分子质量较水大几十倍, 但它们在 100℃ 左右时蒸气压只有 13 Pa 或更低, 因而不能应用水蒸气蒸馏。

如果被提纯物质蒸气压为 133~665 Pa, 则其在馏出液中的含量仅占 1%, 甚至更低。为提高其在馏出液中的含量, 就要升高温度来增大其蒸气压, 这就要利用过热水蒸气蒸馏。

在实际操作中, 过热水蒸气蒸馏可应用于 100℃ 时具有 133~665 Pa 蒸气压的物质。它不但提高了被提纯物质在馏出液中的含量, 还具有使水蒸气冷凝少的优点。

(二) 水蒸气蒸馏装置

常用水蒸气蒸馏装置如图 2-19 所示。

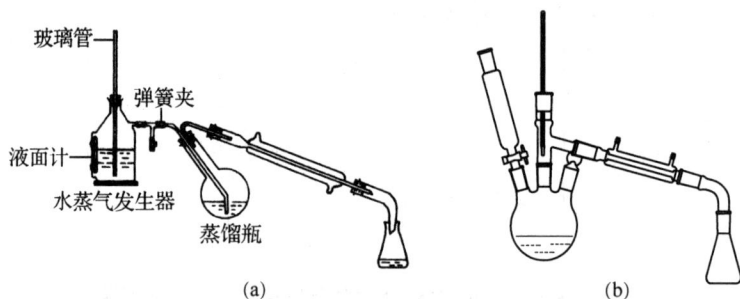

图 2-19 水蒸气蒸馏装置
(a) 活蒸气法水蒸气蒸馏装置 (b) 直接水蒸气蒸馏装置

(三) 水蒸气蒸馏的操作

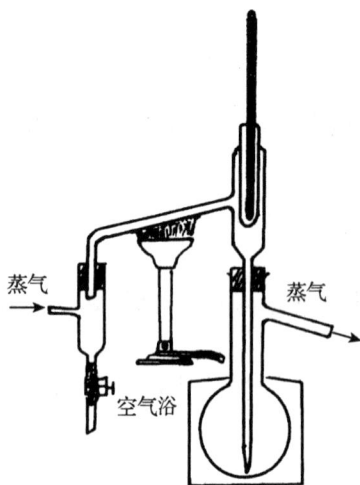

图 2-20 过热水蒸气

图 2-19(a) 中, 液面计的作用是使操作者可看到发生器水面的高度; 玻璃管起到一个安全管的作用, 管的下端接近底部。当容器内水气压过高时, 水便沿管上升。如系统堵塞, 水便从玻璃管上口喷出。弹簧夹位于发生器与蒸馏瓶之间的 T 形管下端, 以便除去冷凝下来的水滴。同时若体系发生堵塞时, 也可将其打开放气。

在水蒸气发生器内装入 1/2~2/3 的水, 将其置于热源上, 并插上安全管, 管接近底部, 但不可抵住底部。

按照图 2-20 装好仪器。烧瓶内加入待分离的混合液, 注意调整好铁架台与水蒸气发生器之间的距离,使导入水蒸气的通路装置分别与水蒸气发生器和蒸馏头相连接，并将 T 形管上的弹簧夹打开。

对整个系统经检查无误后，通入冷凝水，接着加热水蒸气发生器。当有水蒸气从 T 形管冲出时，关闭弹簧夹。这时水蒸气便冲入烧瓶，使瓶内液体沸腾。为避免水蒸气在此处因过分降温而大量冷凝，以致造成瓶内液体过多。可事先对烧瓶加热，确定瓶内液体沸腾后再撤去热源。当馏出液澄清透明、无油珠时，即说明可停止蒸馏。

当蒸馏完毕或中途需要中断时，一定要首先打开螺旋夹接通大气，然后方可停止加热，以免烧瓶内的液体倒吸入水蒸气发生器中。

在 100℃ 左右，蒸气压较低的化合物可利用过热蒸气进行蒸馏。方法是在 T 形管与烧瓶之间串联一段铜管（最好是螺旋形的），铜管用火焰加热，以提高蒸气的温度，烧瓶再用油浴保温。也可用图 2-20 装置来进行。

少量物质的水蒸气蒸馏，可用克氏蒸馏瓶代替圆底烧瓶，装置如图 2-21 所示。

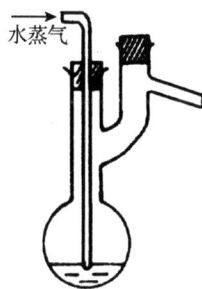

图 2-21　少量物质的水蒸气蒸馏装置

（四）注意事项

1. 如被蒸馏物的熔点高，冷凝后析出固体，则应调小冷凝水的流速或关闭冷凝水，待物质熔融后再缓慢通入冷凝水。

2. 蒸馏过程中如发现水从安全管顶端喷出，说明系统内压过高，应立即打开 T 形管的螺旋夹，停止加热。待排除故障后，方可继续蒸馏。

3. 如蒸馏过程中出现倒吸现象，说明烧瓶内的压力大于水蒸气发生器的压力，也应立刻打开螺旋夹，接通大气，待故障排除后再蒸馏。

（五）思考题

1. 安全管为什么不能抵住水蒸气发生器的底部？

2. 苯甲醛（沸点 178℃）进行水蒸气蒸馏时，在 97.9℃ 沸腾，这时 $p_A = 93\,792$ Pa，$p_B = 7\,532$ Pa，请计算馏出液中苯甲醛的含量，结果说明了什么？怎样才能提高苯甲醛在馏出液中的含量？

八、液体化合物折光率的测定

（一）基本原理

光在两个不同介质中的传播速度是不相同的。光从一种介质进入另一种介质时，当它的传播方向与两个介质的界面不垂直时，光的传播方向会发生改变，这种现象称为光的折射。根据折射定律，波长一定的单色光线在确定的外界条件（温度、压力等）下，从介质 A 进入另一个介质 B，入射角为 α，折射角为 β，如图 2-22 所示。若介质 A 为空气，将其作为标准物质，则折光率公式为：

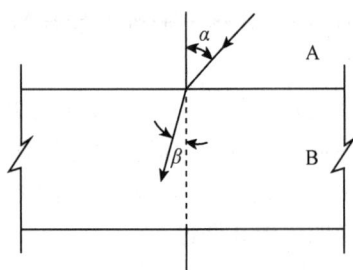

图 2-22 光的折射

$$n = \sin\alpha / \sin\beta \qquad (2\text{-}6)$$

折光率是有机化合物最重要的物理常数之一。利用折光率可鉴定未知物，纯净的化合物其折光率是固定的。

折光率也可用于确定液体混合物的组成。在蒸馏液体混合物且各组分的沸点彼此接近、组分的结构相似、极性小时，混合物的折光率和摩尔组分呈线性关系，利用这一线性关系可求得馏分的组成。

物质的折光率与物质的结构和光线的波长有关，而且受温度、压力等因素的影响。所以，表示折光率需注明所用光线和测定时的温度，常用 n 表示，D 表示光源为钠灯的 D 线(5 893A)，t 表示测定时的温度。一般来说，温度增高 1℃时，液体有机化合物的折光率就减少 $3.5\times10^{-4} \sim 5.5\times10^{-4}$，一般采用 4×10^{-4} 作为温度变化常数。若不是在 20℃时测定的折光率，可根据下式进行换算：

$$n = n - (t - 20) \times 0.000\ 45 \qquad (2\text{-}7)$$

压力对折光率的影响不很明显，所以只有在要求很精密时，才考虑压力的影响。

测定液态有机化合物折光率的仪器为阿贝折光仪(图 2-23)，其主要组成部分是两块折射率较大的直角棱镜。上面一块是光滑的，在整台仪器中起着主要作用；下面一块是磨砂的，起着散光线的作用；左面有一个镜筒及刻度盘，上面刻有 1.3~1.7 的格子为已经换算好的折光率；右面有一个镜筒，用来观察折光情况，并连有消色散镜调节器(补偿器)，通过它的作用，可以直接利用日光测定折光率，所得数值和用钠光时所测得数值完全一致，这是阿贝折光仪的优点。

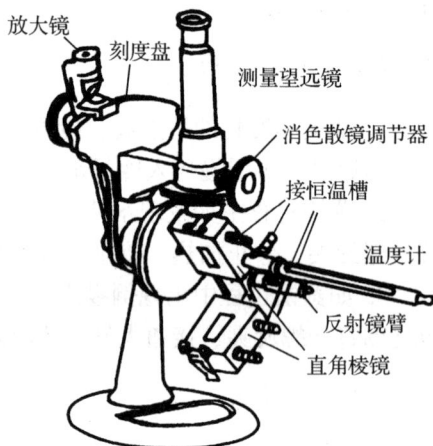

图 2-23 阿贝折光仪

(二)折光率的测定

(1)将折光仪置于干净桌面上，和恒温水浴相连，调节温度，通常为 20℃ 或 25℃。恒温后，打开下面棱镜，使镜面水平，滴 1~2 滴丙酮于镜面上使难挥发的污物逸走，然后用镜头纸轻轻揩拭镜面。

(2)用附件内的标准玻璃块，上面刻有固定的折光率。先将棱镜完全打开使之成水平，将溴代萘($n = 1.66$)少许置于棱镜上，玻璃块就黏附在上面，转动左面刻度盘，使所示刻度和玻璃块上的数值完全一样。然后调节到清晰分界线，分界线的两边并不像正式测定折光率时所呈现的一明一暗现象，而是呈玻璃状透明。然后用小旋子旋动右面镜筒下方的方形螺丝，使分界线对准叉线中心。

(3)打开棱镜，将待测液体 2~3 滴均匀地滴在棱镜上，使整个镜面湿润后，关紧棱镜，转动反射镜使视场最亮。

轻轻转动左面刻度盘，并在右镜筒内找到明暗分界线或彩色光带，再转动消色散镜调节器，使之看到一清晰分界面。

再转动左面刻度盘，使分界线对准叉线中心，并读出折光率，重复 1~2 次。

(三) 注意事项

1. 使用折光仪前后都应仔细认真地擦洗棱镜面。
2. 不能测定强酸、强碱、有腐蚀性的液体。
3. 用完后必须将金属匣内的水倒尽。
4. 仪器在使用和贮藏时均不得置于日光直射下或靠近热的地方，不使用时放入木箱内，置于干燥的地方。

(四) 思考题

1. 为什么液体的折射率总在 1.3~1.7 而不会是 1？
2. 擦洗棱镜时应注意什么？
3. 阿贝折光仪没有用钠的 D 光作光源，为什么结果却相同？

九、分馏

几种互溶液体组成的混合物，沸点差距不大时，用普通蒸馏法难以达到将它们分离和纯化的目的。这时应采用分馏。这是一种应用分馏柱来使几种沸点相近的混合物进行分离的方法。现在最精密的分馏设备已能将沸点相差 1~2℃的混合物分开。

(一) 基本原理

当溶液中有 2 个或 2 个以上的组分是挥发性的，根据道尔顿(Dalton)定律，总蒸气压就等于每个挥发性组分的分压总和。即

$$p_{总} = p_A + p_B + p_C + \cdots \tag{2-8}$$

式中，A、B、C 分别代表各挥发性组分。这种混合液的蒸馏过程与前述简单蒸馏有显著差别，因为得到的馏出液含有每一种组分，对此就要用分馏来进行分离，与蒸馏的原理相同，它实际上就是多次的蒸馏。

为简便起见我们只讨论二元理想溶液，即含有两种挥发性组分 A 和 B。理想溶液的定义是在这种溶液中相同分子间的相互作用与不同分子间的相互作用是一样的。只有理想溶液才严格服从拉乌尔定律，许多有机溶剂近似于理想溶液的性质。

蒸气压表示分子从液体表面逸出的难易程度，在组分 A 和 B 的混合液上面一定体积的蒸气中，组分 A 的分子数与其本身的分压成正比，组分 B 也是如此。即

$$\frac{N'_A}{N'_B} = \frac{p_A}{p_B} = \frac{p_A^0 N_A}{p_B^0 N_B} \tag{2-9}$$

式中，p_A、p_B 分别为组分 A 和 B 的蒸气压；p_A^0、p_B^0 分别为纯物质的蒸气压；N'_A/N'_B

是组分 A 和 B 在蒸气相中的摩尔分数比；N_A、N_B 分别为组分 A 和 B 在溶液中的摩尔分数，每个组分的摩尔分数可从式(2-9)计算中得到。

$$N'_A = \frac{p_A}{p_A + p_B} \quad 及 \quad N'_B = \frac{p_B}{p_A + p_B} \tag{2-10}$$

根据拉乌尔定律，分压 p_A、p_B 由溶液组分决定。当组分 A 和 B 的分压总和等于外界压力时，溶液就沸腾，所以溶液的沸点由组分所决定。

可用图 2-24 为例来说明二元理想溶液的气液相组成与温度的关系。图 2-24 是苯(沸点 80℃)和甲苯(沸点 111℃)混合物的图解。

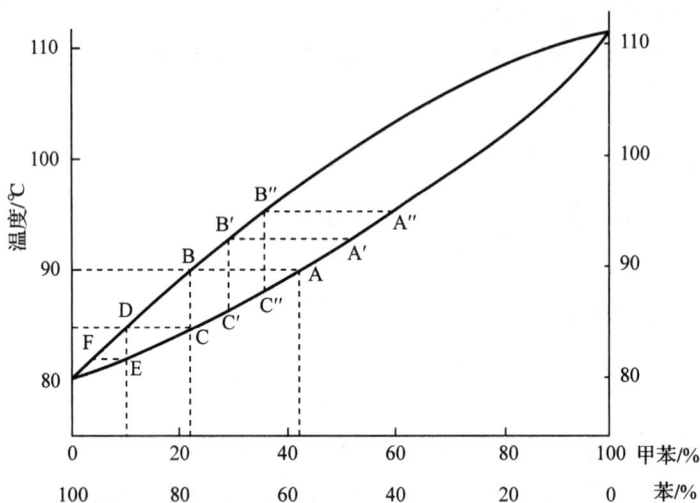

图 2-24　苯–甲苯混合物的沸点组成

从下面一条曲线可看出这两个化合物不同比例混合物的沸点，而上面一条曲线是用拉乌尔定律计算得到，它给出了在同一温度下和沸腾液相平衡的蒸气相组成。例如，在 90℃沸腾的液体混合物是由 58%苯、42%甲苯组成(图 2-24 中 A)，而与其相平衡的蒸气相由 78%苯、22%甲苯组成(图 2-24 中 B)。注意，在任何温度下蒸气相总比与之平衡的沸腾液相有更多的易挥发组分。例如，如果组分 A 比组分 B 更易挥发，则 $p_A^0/p_B^0 > 1$。从式(2-4)中可知，$N'_A/N'_B > N_A/N_B$，这就是分馏的原理。

倘若蒸馏组分为 A 的混合物，最初几滴馏出液(由蒸气相冷凝而成)的组成将是 B，B 中苯的含量要比原始蒸馏混合物 A 多得多。

相反，残留在蒸馏瓶的液体中，苯的含量降低了，而甲苯的含量升高了，这是因为苯比甲苯蒸出得多，随之沸点也提高了(从 A 到 A′)。如继续蒸馏，混合液的沸点将继续上升(从 A′到 A″，等等)，直至接近或达到甲苯的沸点。同时馏出液组成为 B 到 B′，到 B″直至最终接近为纯甲苯。

如果我们收集 B 的最初几滴馏出液并再次蒸馏，则沸点就为 C 点的温度(85℃)。若仅收集 C 的最初一小部分馏出液，则馏出液的组成为 D(90%苯，10%甲苯)。反复这一操作从理论上说可得到少量的纯苯。同样，收集每次蒸馏的最后残留液，用同样的方法反复蒸馏应可得到少量纯甲苯。通过收集大量的最初馏分和最终馏分，能够分离到一定数量的物质，但需要多次单独的简单蒸馏。这既麻烦又浪费时间。而分馏柱使这一过程大大简化。

(二) 分馏装置与分馏柱

分馏装置如图 2-25 所示。它与蒸馏装置的差别是增加了一根分馏柱。

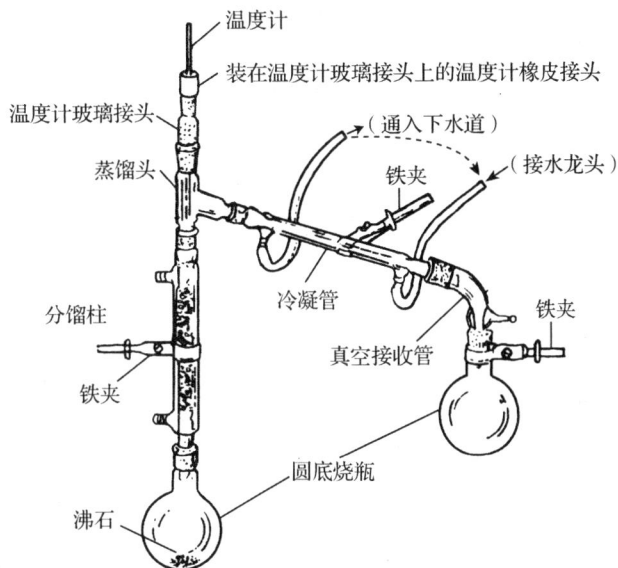

温度计
装在温度计玻璃接头上的温度计橡皮接头
温度计玻璃接头
蒸馏头
(通入下水道)
(接水龙头)
铁夹
冷凝管
分馏柱
铁夹
真空接收管
铁夹
圆底烧瓶
沸石

图 2-25 分馏装置

分馏柱的类型虽多，但基本特征是一致的。它主要是一根长而垂直、柱身有一定形状的空管，或者在管中填以特制的填料。

有机化学实验室中常用刺形物分馏柱，又称韦氏 (Vigreux) 分馏柱，如图 2-26 (a) 所示。

一种是一根分馏管，中间一段每隔一定距离向内伸入 3 根向下倾斜的刺形物，在分溜柱中相交，每堆刺形物间排列成螺旋状。另一种是长 30 ~ 40 cm，直径 1.5 ~ 2.5 cm 的分馏管，如图 2-26 (b) 所示，在分馏管的底部放入少许玻璃毛，然后装入合适的填料直至距支管约 5 cm。以直径 6 mm 左右的玻璃管截成长度 6 mm 的短玻璃管 (或较小的规格) 作为填料，一般即可应用。上述分馏柱的分馏效率约相当于 2 次简单蒸馏。

图 2-26 (c) 中所示的分馏柱为前一种的改良，它由克氏分馏管及附加的一支小型冷凝管 (冷凝指) 所组成。上下移动冷凝指和调节进入冷凝指的水流速度可以控制回流液体的量，即可控制回流比 (指在同一时间内返回分馏柱的液体量和馏出液体量之比)。增加回流比可以提高混合物的分离效率。

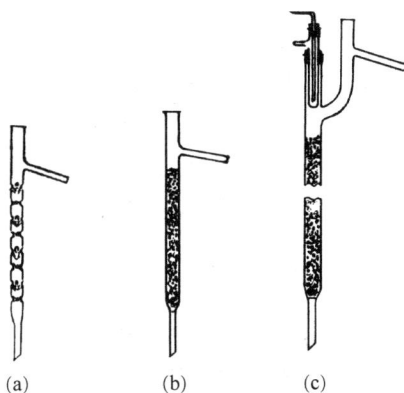

(a)　(b)　(c)

图 2-26 简单分馏柱

当蒸气从蒸馏瓶经过分馏柱时，有些就冷凝了。若分馏柱的下端温度高于分馏柱的上端，则沿分馏柱流下的冷凝液部分将重新蒸发，未冷凝的蒸气与冷凝下来再次蒸发的一部分蒸气在分馏柱内一起上升，经过一系列凝聚蒸发过程，就等于多次蒸馏。

从图 2-25 可知，每一步产生的蒸气相都使易挥发的组分增多。沿分馏柱流下的冷凝液在每一层上要比与之接触的蒸气相含有更多的难挥发组分。在理想条件下，整个分馏柱内气液相之间建立了平衡，在顶部的蒸气相几乎全是易挥发组分，而在底部的液相则多为难挥发组分，造成这一状态要具备下述条件：在分馏柱内蒸气与液相间要广泛而紧密地进行接触；分馏柱自下而上要保持适当的温度梯度；分馏柱应有足够高度；混合液体各组分的沸点有足够差距。

为使气液相充分接触，最常用的方法是将分馏柱用惰性材料填充，以增加表面积。填料包括玻璃、陶瓷或者各种形状（如螺旋形、马鞍形、网状等）的金属小片。几种常见的填料形状如图 2-27 所示。

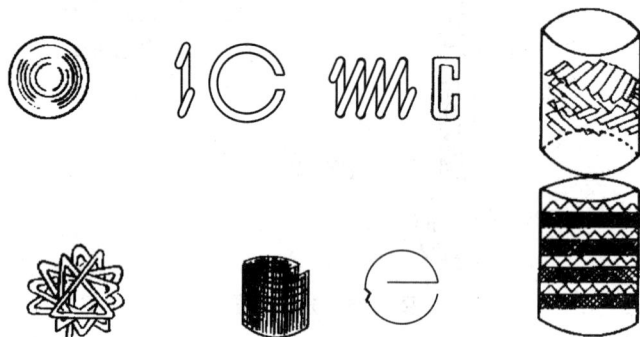

图 2-27　常用填料形状

（三）简单分馏操作

简单分馏操作和蒸馏大致相同。将待分馏的混合物放入圆底烧瓶中，加入助沸物，按照要求装好简单分馏装置，仔细检查后进行加热，等液体开始沸腾，就可调节浴温，使蒸气慢慢升入分馏柱，10~15 min 后蒸气到达柱顶（可用手摸柱壁，如若烫手表示蒸气已达该处）。此时温度计水银球即出现液滴，可将火调小些，使蒸气仅到柱顶而不进入支管就被全部冷凝回流。这样维持 5 min 后，再将火调大些，使馏出液体的温度控制在每 2~3 s 滴 1 滴，以此可以得到较好的分离效果。待低沸点组分蒸完后，温度计水银柱骤然下降，再逐渐升温，按各组分的沸点分馏出各组分的液体有机化合物。如操作合理，使分馏柱发挥最大能力，可把液体混合物一一分馏出来。

（四）注意事项

1. 分馏一定要缓慢进行，应控制恒定的蒸馏速度。
2. 要有足够量的液体从分馏柱流回烧瓶，选择合适的回流比。
3. 必须尽量减少分馏柱的热量散失和波动。

（五）思考题

1. 什么情况下使用蒸馏？什么情况下使用分馏？二者有什么异同点？
2. 用分馏柱提纯液体时，为了取得较好的分离效果，为什么分馏柱必须保持回流液？

十、重结晶及过滤

重结晶是先用溶解的方式将晶体结构全部破坏，然后让结晶重新生成，使杂质残留在溶液中的一种操作过程。

从有机反应中分离出的固体有机物往往夹杂一些反应副产物，未作用的原料及催化剂等，纯化主要靠重结晶，即使固体有机物已用其他方法（如升华、层析）纯化过了，为了保证纯度，常常也将该物质再重结晶一次。

（一）基本原理

固体有机物在溶剂中的溶解度与温度有关，通常随温度升高溶解度增大。将固体有机物溶解在沸腾溶剂中，制得饱和溶液，冷却后由于溶解度降低，溶液因过饱和而析出结晶。利用溶剂对被提纯物质及杂质的溶解度不同，可以使被提纯物质从饱和溶液中析出，而让杂质全部或大部分仍留在溶液中（或被过滤除去），从而达到提纯目的。

使用重结晶法纯化固体有机物，杂质的含量不能过多（杂质太多可能影响结晶速度，甚至妨碍结晶的生成）。一般重结晶只适用于纯化杂质含量在 5% 以下的固体有机物，所以从反应粗产物直接重结晶是不合适的，必须先用其他方法，如萃取、水蒸气蒸馏、减压蒸馏等进行初步提纯，然后用重结晶提纯。

（二）重结晶操作

溶液重结晶方法包括以下几步：
(1) 选择适宜的溶剂。
(2) 在溶剂的沸点温度将欲纯化的固体溶解。
(3) 将热溶液过滤除去不溶性杂质。
(4) 冷却溶液，析出结晶。
(5) 从澄清溶液中分离出结晶。
(6) 将结晶洗涤以除去附着的溶液。
(7) 干燥结晶。

1. 溶剂选择

作为重结晶用的溶剂必须符合下列条件：
(1) 温度系数有利于溶质与杂质的分离，即被提纯的固体有机物应在热溶液中易溶，而在冷溶液中几乎不溶，以减少损失。而杂质在冷溶剂中至少仍需适当溶解，或在热溶液中不溶解，这样就可过滤除去。
(2) 溶剂的沸点要低些，这样在最后干燥时容易从结晶中除去。

(3)溶剂的沸点一般应低于溶质的熔点。

(4)溶剂应不与纯化的化合物起化学反应。

(5)能结出较好的结晶。

被提纯物质若为早已研究过的化合物，则从化学文献中可以找到有关适宜溶剂的资料。若从未研究过，则在选择溶剂时应遵循"相似互溶"这一基本规律，即正常情况下极性化合物不溶于非极性溶剂而溶于极性溶剂。反之，非极性化合物则易溶于非极性溶剂，当然，溶剂的最后选择必须用实验的方法决定。其方法是，取 0.1 g 待结晶的固体粉末于一小试管中，用滴管逐滴加入溶剂，并不断振荡。若加入的溶剂量达 1 mL 仍未见全溶，可小心加热混合物至沸腾(必须严防溶剂着火)。若此物质在 1 mL 冷的或温热的溶剂中已全溶，则此溶剂不适用。如果该物质不溶于 1 mL 沸腾溶剂中，则继续加热，并分批加入溶剂，每次加入 0.5 mL 并加热使沸腾。若加入溶剂量达到 4 mL 而物质仍然不能溶解，则必须寻求其他溶剂。如果该物质能溶解在 1~4 mL 沸腾的溶剂中，则将试管进行冷却，观察结晶析出情况，如果结晶不能自行析出，可用玻璃棒摩擦溶液液面下的试管壁或辅以冰水冷却，以使结晶析出。若结晶仍不能析出，则此溶剂也不适用。如果结晶能正常析出，要注意析出的量，在几个溶剂用同法比较后可以选用结晶回收率最好的溶剂来进行重结晶。

在特殊情况下可使用混合溶剂，即将化合物先在一种溶剂中溶解，然后加入第二种难溶的溶剂来降低其溶解度。常用的混合溶剂有：乙醇-水、苯-石油醚、乙酸-水、乙醚-乙醇和乙醚-石油醚等。一般不用苯-乙醇而用苯-无水乙醇，因为苯与含水乙醇并不任意混溶，水的存在尤其在冷却时会引起溶剂分层。

2. 溶解

将待结晶物质放在大小合适的锥形瓶中，加入较需要量(根据查得的溶解度数据或溶解度试验方法所得的结果估计得到)稍少的适宜溶剂。同时留取少许不纯的固体样品，以便在遇到问题时用来引发结晶。重结晶是一种行之有效的实验技巧。将混合物加热，并不时搅拌以免暴沸(由于未溶固体的存在沸石效果一般)。除不易燃的溶剂外，不可加热太快。向沸腾的混合物中补加少量溶剂直至热溶剂恰好溶解固体。一般来说，最好再加 2%~5% 的溶剂以防止在热过滤时析出结晶。由于在冷溶液中固体仍有一定的溶解度，结晶的回收率是由其溶解度及所用的溶剂量决定的。为了最大限度地回收结晶，溶剂不宜过量太多。如果未溶的固体已经不多，再加溶剂也不能使之溶解，说明溶剂已经够量了，残留的固体可能是不溶性杂质，可以通过热过滤除去。

有机溶剂不是易燃就是有一定毒性或二者兼有，所以应在锥形瓶上安装回流冷凝管，操作最好在通风橱内进行。溶剂可由冷凝管上部添加，并根据溶剂的沸点和易燃性选择合适的热浴。若采用混合溶剂则混合的溶剂应该是互溶的。待提纯的物质应易溶于其中一种溶剂而不溶或难溶于另一种溶剂。将待提纯物质首先溶于易溶的沸腾溶剂中，而后将另一种溶剂加至沸腾溶液中直至呈混浊状。这是因为第二种溶剂的加入降低了整个溶剂的溶解能力，当达到溶解度极限时溶质开始从溶液中析出而形成混浊状。

如果第二种溶剂的沸点比第一种溶剂的低，则在加入第二种溶剂前应先将溶液冷却到第二种溶剂的沸点以下。最后补加少量第一种溶剂使混浊的溶液正好重新澄清，以便过滤。有时在加入第二种溶剂前先热过滤一次以防止以后过滤析出结晶。

粗制的有机物常含有色杂质，可向热溶液中加入少量活性炭脱色。使用活性炭应注意：

（1）加入活性炭前，待结晶化合物应已被加热溶解于溶剂中。

（2）待热溶液稍冷后方可加入活性炭，并振荡或搅拌使其均匀分布在溶液中。切勿在沸腾或接近沸点的溶液中加入活性炭，以免引起暴沸。

（3）活性炭的量不宜过多，否则会吸附一部分被纯化的物质使回收率降低。一般为粗品质量的 1%~5%。如仍不能脱色可重复上述操作以达到脱色的目的。

（4）活性炭的脱色效果在水中最好，也可在其他溶剂中使用，但在烃类等非极性溶剂中效果较差。

3. 热过滤

热过滤就是用重力过滤或减压过滤的方法除去不溶性杂质（包括活性炭）。若无不溶性杂质，溶液又是澄清的，可省去这一步。

常用短颈或无颈的玻璃漏斗和折叠滤纸将溶液过滤到一个锥形瓶中。过滤前要把漏斗放在烘箱中预热，待过滤时才将漏斗取出放在铁架上的铁圈中，或放在盛滤液的锥形瓶上，如图 2-28（a）所示。

折叠滤纸过滤比较快，滤纸上沿不可超过漏斗口。要将热溶液倒到滤纸的上部，这样溶液与

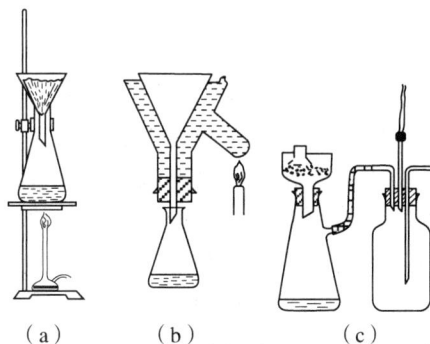

图 2-28 热过滤及抽滤装置

较大面积的滤纸接触，过滤就比较快。然而不可让溶液从滤纸上漏斗间漏过。滤纸折叠方法如图 2-29 所示。将滤纸对折分成四份。将边 2 与边 3 相折得边 4，边 1 与边 3 相折得边 5，如图 2-29（a）所示。再将边 2 与边 5 相折得边 6，边 1、边 4 相折得边 7，如图 2-29（b）所示。继续折边 2、边 4 得边 8，折边 1、边 5 得边 9，如图 2-29（c）所示。此时滤纸外形如图 2-29（d）所示。注意所有折叠都在同一方向，切勿在滤纸的中央部分折叠太紧，以免降低滤纸强度，在过滤时破裂。再将滤纸在反方向边 1 与边 9、边 9 与边 5、边 5 与边 7 等折叠使滤纸成扇形，如图 2-29（e）所示。将滤纸打开，在边 1 与边 2 处以反方向折得图 2-29（f）。折好的滤纸备用。

有时过滤过程中滤纸上或漏斗表面析出结晶。防止结晶析出最方便的方法是在接收瓶内加 2~3 mL 重结晶溶液并加热沸腾，让冷凝蒸气加热漏斗。对低沸点溶剂可用水浴；沸点高于 80℃的溶剂最好用电加热油浴。只有当溶剂不易燃时才能用煤气灯。

减压过滤（吸滤）也不失为一种方法。具体操作是：用布氏漏斗或砂芯漏斗和吸滤瓶（装置可在烘箱中预热）减压抽滤。减压抽滤操作简便迅速，其缺点是悬浮的杂质有时会穿过滤纸，漏斗孔内易析出结晶造成堵塞，滤下的热溶液由于减压，溶剂易沸腾而被抽走。尽管如此，实验室中采用者仍较多。

减压过滤应注意：滤纸应略小于布氏漏斗的底面；抽滤前用同一热溶剂将滤纸润湿，使其紧贴于漏斗的底面，然后抽滤。

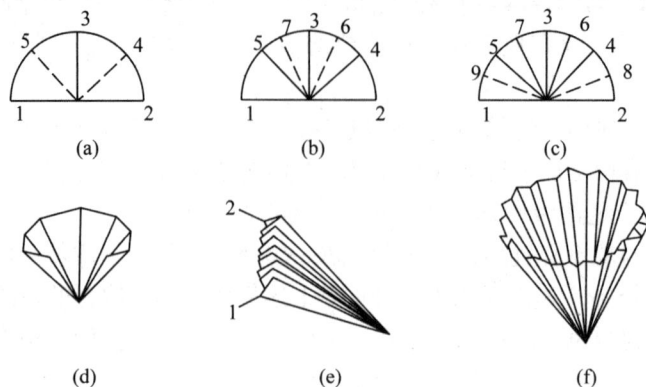

图 2-29　滤纸折叠方法

4. 结晶

将滤液在室温下慢慢冷下来，结晶便随之形成。将滤液浸在水里快速冷却会形成很细的结晶，小的结晶包含杂质较少，但因表面积大就容易从溶液中吸附杂质。如果在冷却时振荡溶液，也会形成细小的结晶。然而形成的结晶也不宜过大，以免在结晶中夹杂溶液。这样的结晶干燥困难，即使干燥了也有杂质留在里面。假如看到大结晶正在形成，可振荡以降低结晶的平均大小。

有时由于滤液中有焦油状物质或胶状物存在，或因形成过饱和溶液而不析出结晶，通常可用晶种使这种过饱和溶液产生结晶，即向冷的溶液中加入原来固体的细结晶，结晶往往很快形成。另外，也可以用玻璃棒摩擦液面附近的试管壁引发结晶生成。

有时被纯化物质呈油状物析出，长时间静置足够冷却，虽也可固化，但其固体杂质较多。用溶剂大量稀释，则产物损失较大。这时可将析出的油状物溶液加热重新溶解，然后慢慢冷却。当发现油状物开始析出时便剧烈搅拌，使油状物在均匀分散的条件下固化，如此包含的母液较少。当然最好还是另选合适的溶剂，以便得到纯的结晶产品。结晶过滤后将母液用冰水继续冷却或浓缩一些溶剂再冷却，通常可再得一批结晶。第二次得到的结晶纯度不如第一批结晶。可用熔点来检测各批结晶的纯度。

5. 过滤

将结晶和溶液的冷混合物用图 2-28(c)的装置抽滤，该装置由布氏漏斗、吸滤瓶和安全瓶、水泵组成，三者之间用较耐压的橡皮管连接。安全瓶的作用是避免水压降低而使水回到抽滤瓶去，用作安全瓶的应为厚壁锥形瓶、圆底烧瓶或吸滤瓶。滤纸大小可按前面热减压过滤所述。

借助玻璃棒或小匙将液体和结晶移入漏斗，瓶中最后残留的结晶可用少许滤液洗出。过滤完后，打开安全瓶上的活塞或螺旋夹接通大气，然后方可关闭水泵，以免水倒流入吸滤瓶。漏斗中加入冷的新鲜溶剂至恰好覆盖住结晶，洗去结晶吸附的含有杂质的母液，用玻璃棒小心搅动，使所有晶体湿润，待晶体均匀地被浸湿后再行抽气。抽气的同时，用清洁的玻璃钉或玻璃塞在结晶表面挤压，以助结晶和溶剂更好地分开。一般重复洗涤 1~2 次即可。

6. 结晶干燥

漏斗上的结晶经水泵抽空数分钟使大部分溶剂蒸发后，表面上吸附的少量溶剂需用适当的方法干燥。可根据重结晶所用的溶剂及结晶的性质来选择具体的干燥方法。通常有以下几种：

(1)空气晾干。将抽干的固体物质薄薄地铺于表面皿上，并用一张滤纸覆盖，置于室温下，经一段时间即可彻底干燥。

(2)烘干。一些热稳定的化合物可以在低于该化合物熔点的温度下烘干。常用的热源有红外线灯、烘箱、蒸气浴等。烘干过程中应注意控制温度，以免结晶因夹杂溶剂，在低于熔点温度时熔融。

(3)用滤纸吸干。有时结晶吸附的溶剂难以在过滤时抽干，可将晶体夹在 2~3 层滤纸上挤压以吸出溶剂。但这种方法易沾染滤纸纤维。

(4)用干燥器干燥。见本章"三、干燥和干燥剂的使用"部分。

(三)注意事项

1. 重结晶时所用的溶剂量不能太多，否则会导致最后的产率太低。
2. 活性炭脱色时，不可在液面沸腾时加入，否则会产生强烈的爆沸现象。
3. 减压热过滤时速度要快，否则产品会有损失。

(四)思考题

1. 重结晶包括哪几个步骤？每一步的目的是什么？
2. 如果待重结晶的物质中含有有色杂质该如何处理？
3. 晶体的干燥方法有哪些？如何进行选择？

十一、升华

除重结晶法之外，升华是纯化固体有机化合物的又一种方法，它是利用固体的不同蒸气压来达到纯化的目的。不纯样品在温度低于熔点的情况下加热使固体直接气化，而后蒸气在冷却面上直接冷凝结晶。只有在熔点温度以下具有相当高的蒸气压的物质(高于 2 666 Pa)，才可应用升华来提纯。利用升华可除去不挥发性杂质，或分离不同挥发度的固体混合物。其优点是纯化后的物质纯度比较高，但操作时间长，损失较大。在实验室里只用于较少量(1~2 g)化合物的纯化。

(一)基本原理

对称性较高且极性较低的固体物质，结晶之间引力低，并且在熔点温度以下往往具有较高蒸气压，因此这类物质常常采用升华的方法来提纯。

图 2-30 是物质的固态、液态和气态与压力和温度关系的典型相图。注意在 O 点(三相点)以下的温度和压力条件不可能存在液态(即热力学上不稳定)。在

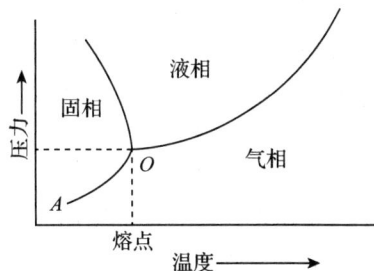

图 2-30 物质三相平衡图

熔点以下的任一温度的固体的蒸气压如曲线 OA 所示。这一曲线代表固相和气相之间的平衡，对升华至关重要。

在三相点以下，物质只有固、气两相，若降低温度，蒸气就不经过液态而直接变成固态。若升高温度，固态也不经过液态而直接变成蒸气。因此一般的升华操作皆应在三相点以下的温度进行。若某物质在三相点温度以下的蒸气压很高，因而气化速率很大，就可以容易地从固态直接变成蒸气，且此物质蒸气压随温度降低而下降非常显著，稍降低温度即能由蒸气直接转变成固态，则此物质可容易地在常压下用升华方法来纯化。

和液态化合物的沸点相类似，固体化合物的蒸气压等于固体化合物表面所受压力时的温度，即为该固体化合物的升华点。

(二) 升华的操作

1. 常压升华

最简单的常压升华装置如图 2-31(a) 所示，必须注意冷却面与升华物质的距离应尽可能近些。因为升华发生在物质的表面，为增大升华物质的表面积，待升华物质应预先粉碎。

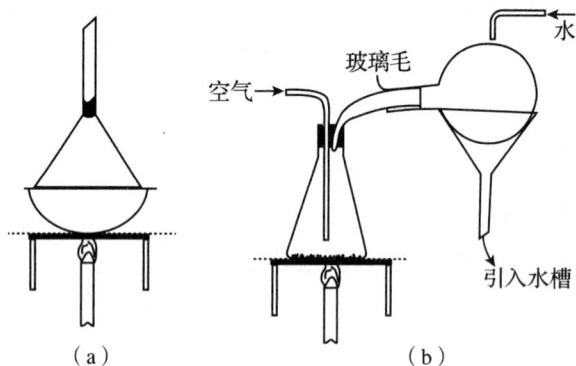

图 2-31　常压升华装置

在蒸发皿中放置粗产物，上面覆盖一张带有许多小孔的滤纸。然后将大小合适的玻璃漏斗倒扣在上面，漏斗的颈部塞有玻璃毛或棉花团，可减少蒸气逃逸。表面皿置于热浴上加热，缓缓升温，控制热浴温度低于被升华物质的熔点，使其慢慢升华。蒸气通过滤纸小孔上升，冷却后凝结在滤纸上或漏斗壁上。

图 2-31(b) 是在空气或惰性气流中进行升华的装置。在锥形瓶上装有二孔的塞子，一孔插入玻璃管以导入空气或惰性气体；另一孔插入接液管，接液管的另一端伸入圆底烧瓶中，烧瓶口塞一些棉花或玻璃毛。当物质开始升华时，通入空气或惰性气体。带出的升华物质，遇到冷水冷却的烧瓶壁就凝结在壁上。

2. 减压升华

常压下不易升华的物质，如在减压下升华，可得到较满意的结果。图 2-32 是减压升华装置。其特征是：

(1) 一个与真空泵相连接的可抽真空的室 (不纯样品就放在此室的底部)。

（2）室的中央装有冷凝指或指形
管，并可冷却使升华物在其表面结晶。
图 2-32（a）的冷凝指用循环水冷却，
图 2-32（b）的指形管用冰水或丙酮-干
冰冷却。

操作时，将待升华固体物质放在样
品室中，利用水泵或油泵减压。接通冷
凝水流，并将样品室浸在热浴中加热，
使之升华。

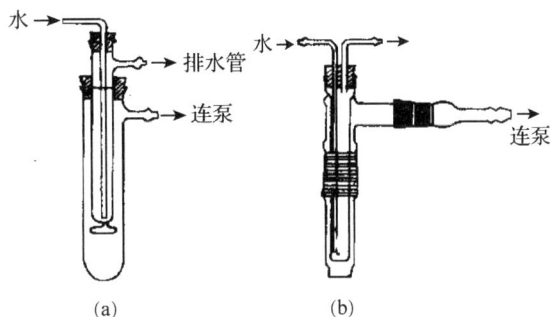

图 2-32 减压升华装置

（三）注意事项

1. 升华过程中注意温度控制得当，始终都须用小火间接加热。
2. 盖在蒸发皿上的滤纸上扎的小孔要大小适中。

（四）思考题

进行升华提纯时需要注意哪些问题？

十二、萃取

从混合物中分离某一化合物，目前用得比较广泛而且相当简便的方法之一是萃取。
这种方法是基于相分配原理，物质在互不相溶的两相间建立分配平衡，其分配比例取决
于该化合物在两相中的相对溶解度。应用这一方法可以从固体或液体混合物中提取出所
需要的物质，或洗去混合物中少量杂质。前者通常称为抽提或萃取，后者称为洗涤。

（一）基本原理

最简单的萃取形式是溶质在两种互不相溶的溶剂间分配，可用分配系数 K 定量地
加以表示。式（2-11）指出在一定温度下溶质与两种互不相溶溶剂 A 和溶剂 B 相接触，
溶质在两液体间分配，达到平衡时每层中溶质的浓度之比为一常数。

$$K = C_A / C_B \tag{2-11}$$

式中，C_A 为溶剂 A 中溶质的浓度；C_B 为溶剂 B 中溶质的浓度。

理想情况下，溶质的分配系数与溶质在纯溶剂 A 及纯溶剂 B 中的溶解度比相等。
然而，实际上没有两种绝对互不相溶的液体，所以只是基本符合。溶剂相互溶解会改变
原来溶剂的特性，而会对 K 值稍有影响。

显然，如果溶质在两种互不相溶的一种溶剂中完全溶解，则 K 值将为无穷大或等
于零。实际上不可能达到这种极限。但只要 $K>1$，溶剂 A 的体积大于或等于溶剂 B 的
体积，那么在溶剂 A 中的溶质总是较多，而留在另一溶剂 B 中的溶质则取决于 K 值。

将式（2-11）改写为：

$$K = \frac{W_A/V_A}{W_B/V_B} = \frac{W_A/V_B}{W_B/V_A} \tag{2-12}$$

式中，W_A 为溶质在溶剂 A 中的质量；W_B 为溶质在溶剂 B 中的质量；V_A 为溶剂 A 的体积；V_B 为溶剂 B 的体积。

当溶剂 A、溶剂 B 的体积相等时，溶剂 A 和溶剂 B 中的溶质的质量比就等于其 K 值。由于 K 是常数，所以当 V_B 不变而 V_A 加倍时，在溶剂 A 中溶质的质量与溶剂 B 中溶质的质量之比也增加 1 倍。所以，如果从溶剂 A 回收溶质，溶剂 A 用量越大，则回收的溶质也就越多。

若用一定体积的萃取溶剂从另一种溶剂中分离溶质，则可看到将总体积分几次连续萃取要比用总体积一次萃取效果更佳。这是分配定律的进一步推论。若以水溶液中萃取有机化合物为例。设：V 为原溶液的体积；W_0 为萃取前化合物的总量；W_n 为萃取几次后化合物剩余量；S 为萃取溶剂的体积。

根据分配定律可有（详细推导过程略）：

$$W_n = W_0 \left(\frac{KV}{KV + S} \right)^n \tag{2-13}$$

假如，在 100 mL 水中含有 4 g 丁酸，在 15℃时用 100 mL 苯来萃取，其分配系数为 13。通过上式计算可知，用 100 mL 苯一次萃取后水中丁酸的剩余量为 1.0 g；如果用 100 mL 苯以每次 33.3 mL 萃取 3 次，剩余量为 0.5 g。

当然多次萃取有一个极限点，超过这一点再增加萃取次数，相应的回收率也不会再增加。分配系数越大，有效地分离溶质所需的反复萃取次数越少。在萃取过程中，萃取溶剂的总体积应保持在最低限度。这样既可避免浪费又缩短了回收溶剂所需的时间。

当溶剂中含有两个化合物，要用溶剂 B 通过萃取来有效分离二者时，两个化合物之一的分配系数应大大超过 1.0，而另一化合物的分配系数应大大地小于 1.0。在这种情况下，达到平衡时，一个化合物将主要分配在溶剂 A 中，另一个则在溶剂 B 中。分离两液层就可部分分离这两种化合物。

若分配系数大小近似，用萃取方法分离是无效的，因为在两液相中每相内化合物的相对浓度与起始混合物浓度比没有大的变化，这时应改用其他方法分离。

在选择萃取溶剂时应遵循以下原则：

（1）萃取溶剂不能与溶液的溶剂互溶。

（2）萃取溶剂对所萃取物应有较大的分配系数。

（3）萃取溶液应与混合物不起化学反应。

（4）萃取后溶剂应与溶质易于分离，通常用蒸馏法回收溶剂。

当使用有机溶剂从水溶液中萃取有机物时，可先在水中加入一定量的电解质（如氯化钠），利用盐析效应降低有机物和萃取溶剂在水溶液中的溶解度，可提高萃取效果。

（二）萃取装置

在有机化学实验中，在用萃取方法分离有机化合物时，应根据实验目的，选择相应的萃取仪器或装置。

1. 分液漏斗

实验中用得最多的是水溶液中物质的萃取。分液漏斗是用于这一目的最常用的仪器。它可做间歇多次萃取。

分液漏斗有几种形状，从圆形到梨形(见图 1-1)。漏斗越长，两个液相相互振荡后分层所需时间越长。当两液相具有相似密度时，采用圆形分液漏斗较合适，否则等待两相分层所需的时间会加长。漏斗末端有一活塞，分层液从此放出。

2. 连续萃取装置

当有机化合物在原有溶剂中比在萃取溶剂中更易溶解时，需使用大量溶剂并多次萃取。为了减少萃取溶剂的量，可采用连续萃取装置，其装置有两种：一种适用于自身较重的溶液中用较轻溶剂进行萃取(如用乙醚萃取水溶液)，即轻溶剂萃取器；另一种适用于自身较轻的溶液中用较重溶剂进行萃取(如用氯仿萃取水溶液)。其装置如图 2-33 所示。

3. 脂肪提取器

脂肪提取器又称索氏(Soxhlet)提取器。它可用于固体物质的萃取。它较浸出法(靠溶剂的长期浸润溶解而将固体物质中的需要物质浸出来)效率高，且节省溶剂。

索氏提取器如图 2-34 所示，是利用溶剂回流及虹吸原理使固体物质每一次都能被纯的溶剂所萃取，因而效率较高。

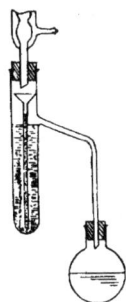

图 2-33 连续萃取装置   图 2-34 索氏提取器

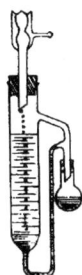

(三)萃取的操作

1. 液–液萃取

(1)间歇多次萃取。常用的萃取操作包括：用有机溶剂从水溶液中萃取有机产物；用水萃取除去反应混合物中的酸碱催化剂和无机盐类；用稀碱或稀无机酸萃取有机溶剂中的酸或碱，使之与别的有机化合物分离。

最常见的操作是用分液漏斗进行萃取。具体操作为：在活塞上涂好润滑脂，塞后旋转使润滑脂分布均匀，将活塞关闭。将待分离的液体混合物放在分液漏斗中并加入一定量的萃取溶剂。漏斗不应装得太满(一般为溶液体积的 1/3)。漏斗上端用配套的磨砂玻璃塞塞住(此塞子不能涂油)。以特殊的手势握住漏斗振荡，使之顺手以提高效率，如图 2-35 所示。

剧烈振荡分液漏斗使两种互不相溶的液体尽可能充分混合。振荡的目的是增加溶剂间的接触面积，使溶质在溶剂间按分配系数在短时间内达到平衡。每振荡几次后将漏斗

图 2-35　分液漏斗的振荡

向上倾斜排气。小心打开活塞以排放可能产生的压力。这对低沸点溶剂或者酸性溶液用碳酸钠溶液萃取(放出 CO_2)来说十分重要。否则玻璃塞会冲脱而造成分液漏斗内容物的损失。振荡结束后(剧烈振荡 1~2 min 即可),将分液漏斗做最后一次排气,放入铁圈中静置以使两液层分离。然后仔细将下层液通过活塞放至烧瓶内。

通常,液层分离时密度高的溶剂位于底部,但也有例外,因为溶质的性质及浓度可使两溶剂的相对密度颠倒。为了保险起见,应将两液层均保留起来直至对每一液层确认无误为止。有时振荡后两种互不相溶的液体不能很快分层,而是形成乳浊液。造成这一现象的原因是可能含碱性或表面活性较强的物质。有时因少量轻质沉淀存在,溶剂部分互溶,两液相密度差较小都会引起乳化现象。可通过静置或加入少量电解质的方法破坏乳化。碱性物质造成的乳化现象,可加入少量稀硫酸或采用过滤等方法除去。此外,根据不同情况还可加乙醇、碘化蓖麻油等破乳剂来促进分层。

(2)连续萃取。采用连续萃取装置,加热使溶剂进行萃取后自动流入加热器,受热气化冷凝变为液体再进行萃取,如此循环即可萃取出大部分物质。

2. 液-固萃取

将固体物质研细,以增加液体浸溶的面积,然后放在提取管的滤纸套内,而溶剂放在下面的蒸馏瓶中。溶剂加热回流,从冷凝管滴下的冷凝液聚集在提取管内。液体在提取管中与固体接触进行萃取,待提取管中液面高达虹吸管的上端后,溶液就由于虹吸作用从提取管全部抽入蒸馏瓶中。这一操作可自动不断地进行,并能有效地将所需组分萃取至蒸馏瓶的溶剂中而无须照看。

(四)注意事项

1. 振荡后,分液漏斗向上倾斜放气,一定要朝向无人处。

2. 分液时,若两相间出现絮状物也应同时放出。

3. 上层液体应从分液漏斗的上口倒出,切不可从活塞放出,以免被残留在漏斗颈上的第一种液体所沾染。

(五)思考题

1. 若用有机溶剂萃取某水溶液而又不能确定分液漏斗中哪一层是有机层,你将如何迅速做出判断?

2. 已知 500 mL 水溶液含有 8 g 化合物 A,现要从此溶液分离化合物 A。若用

150 mL 醚一次萃取，可得几克化合物 A(设乙醚：水的分配系数为 3.0)？若用乙醚萃取 3 次(每次 50 mL)则总共可得几克化合物 A?

十三、色谱法

色谱法是分离、提纯和鉴定有机化合物的重要方法。常用的色谱法有纸色谱法、柱色谱法、薄层色谱法、气相色谱法和离子交换色谱法。

色谱法是一种物质的分离方法，其分离原理是利用混合物中各个成分的物理化学性质的不同(如吸附力、分子形状和大小、分子极性、分子亲和力、分配系数等)，使各组分以不同程度分布在两相中，其中一个相为固定相，另一个相则流过此固定相，称为流动相，从而使各组分以不同速度移动而达到分离。

(一)纸色谱法

1. 基本原理

纸色谱法(纸上层析)主要是分配过程，属于分配色谱。水相为固定相，被水饱和的有机相为流动相(展开剂)，滤纸作为固定相水的载体。样品内各组分，由于在两相中的分配系数不同而得到分离。当有机相流经滤纸上的样品时，即在滤纸上的水相和流动相间连续发生多次分配，结果是在流动相中具有较大溶解度的物质随溶剂移动的速度较快，而在水相中溶解度较大的物质随溶剂移动的速度较慢。

溶质在纸上移动的距离可用 R_f 值表示。如图 2-36 所示可用以下公式计算 R_f 值：

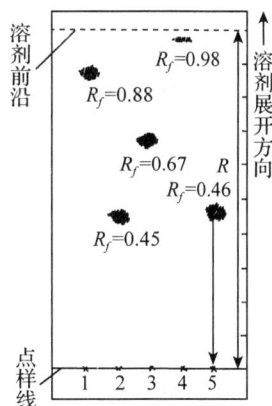

图 2-36　纸上层析 R_f 计算示意图

$$R_f = \frac{r}{K} \tag{2-14}$$

式中，r 为原点到层析点中心的距离；K 为原点到溶剂前沿的距离。

各种物质的 R_f 值随被分离化合物的结构、滤纸的种类、溶剂、温度等不同而有差异。但在条件固定的情况下，R_f 值是一个常数，可以作为定性分析的依据，但由于影响 R_f 值的因素很多，实验数据很难与文献值完全一致，因而在鉴定化合物时，常用标准样品在同一张滤纸上点样作为对照。

2. 纸色谱的操作

(1)样品处理。做纸上层析的样品，应尽可能纯化，除去杂质。常用离子交换树脂脱盐，如氨基酸可用弱阴、阳树脂将带有阴、阳离子的盐分除去。浓度过低的样品通过低温减压浓缩。

(2)点样。可用微量点样管将 2~20 μL 的样品溶液点于纸上，以冷风吹干，在同一张纸上做几个样品分析分离时，单向点彼此距离应在 2~3 cm。样品点的直径大小约为 0.5 cm。样品不能点得太浓，普通用 24 cm 长滤纸，每一样品的量为 5~15 μg。

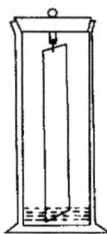

图 2-37　纸色谱装置

（3）展开。展开方式有上行、下行和环行 3 种，图 2-37 为纸色谱装置。

（4）显色。配制显色剂时，最好使用与水不相混合或挥发性较大的溶剂，尽量使含水量降低，以免样品的斑点扩散。显色可用喷雾或浸渍法，或用毛刷将显色剂刷在滤纸上。

（5）定量分析。常用的有 3 种方法：

①剪洗法。将分离后的斑点剪下，以适当的溶剂洗脱，比色定量，一般误差在 ±0.5%。

②直接比色。用仪器直接测量斑点颜色浓度，画出曲线，由曲线的面积求出含量，一般误差在 ±5% ~ 10%。

③直接测定斑点的面积。此法准确度高，但影响因素很多，每次斑点的形状不易控制一致。

3. 注意事项

（1）剪层析滤纸，点样过程中要注意尽量不用手接触样品要经过的地方。

（2）不要损伤点样处的滤纸，不要让原点直径大于 5 mm，样品含量不要超过滤纸承载量。

4. 思考题

（1）纸层析分离物质的原理是什么？

（2）纸层析实验中滤纸的作用是什么？

（二）柱色谱法

柱色谱法（柱层析）可分为吸附色谱法和分配色谱法。吸附色谱是以氧化铝、硅胶等为吸附剂；而分配色谱法是以硅胶、硅藻土、纤维素等作载体，其本身不起分离作用。这里主要介绍吸附色谱法。

吸附色谱法是最早发展起来的一种方法，分离条件容易掌握，实验设备简单，可用来分离多种物质，适合于分离毫克级到百克级的物质量，尤其是应用于天然物质效果更佳。

1. 基本原理

吸附色谱通常在色谱柱（玻璃管）中填入吸附剂（固定相），将欲分离的样品配制成溶液，从色谱柱的上端加入色谱柱内，各种成分同时被吸附在色谱柱的上端。然后使洗脱剂（流动相）以一定的速度通过色谱柱进行洗脱。当欲分离的混合样品随洗脱剂通过色谱柱时由于各组分吸附能力不同，以不同的速度沿柱下降，受吸附剂吸附作用弱的组分在色谱柱内移动速度较快，受吸附剂吸附作用强的组分在色谱柱内移动速度较慢，最后形成若干色带。再用溶剂洗脱，分别收集各组分。若各组分本身是有色物质，则在色谱柱上可以直接看到色带；若是无色物质，可用紫外线照射，有些物质呈现荧光。

在吸附色谱中，常用的吸附剂有氧化铝、硅胶、碳酸钙、氧化镁和活性炭等，选择吸附剂的首要条件是吸附剂与被吸附物及展开剂均无化学反应，一般多选用氧化铝。吸附剂的吸附能力与颗粒大小有关。颗粒大，流速快，分离效果不好；颗粒小，表面积大，吸附能力强，但流速慢。一般以能通过 100~150 目筛孔的颗粒为宜。色谱柱用的氧化铝通常可分为酸性、碱性和中性 3 种。酸性氧化铝是用 1%盐酸浸泡后，用蒸馏水洗氧化铝的悬浮液，pH 值为 4，用于分离有机酸类物质；中性氧化铝 pH 值约为 7.5，用于分离醛、酮、酯等中性化合物；碱性氧化铝 pH 值约为 10，用于碳氢化合物、胺等碱性化合物的分离。吸附剂的活性与其含水量有关，含水量越低，活性越高(表 2-4)。

表 2-4　吸附剂的活性和含水量的关系

活性等级	I	II	III	IV	V
中性氧化铝含水量/%	0	3	6	10	15
硅胶含水量/%	0	5	15	25	38

将中性氧化铝放在高温炉中(350~400℃)烘 3 h，得无水物，加入不同量的水，得到不同活性的中性氧化铝，一般常用 II、III 级。硅胶可同上法处理，得到不同活性的硅胶。

吸附剂的吸附能力还与分子极性有关，分子极性越强，吸附能力越大。

在吸附柱色谱中溶剂的选择也很重要。选择溶剂时还应考虑到被分离物各组分的极性和溶解度及吸附剂的活性。要求：

(1)溶剂要纯，不能含杂质。

(2)溶剂和吸附剂不能起化学反应，否则会使吸附剂失去吸附能力。

(3)溶剂的极性应比样品小一些。如果大了，样品不易被吸附剂吸附。

(4)溶剂对样品的溶解度要适当，太大影响吸附，太小则溶液体积增加，易使色谱柱分散。

(5)有时也可采用混合溶剂。

2. 吸附色谱法的操作

(1)柱的充填。柱色谱装置如图 2-38 所示。玻璃色谱柱内径与柱长的比例应随处理量而定，正常为 1∶8 左右。装柱前先加入适量层析用的溶剂，然后将中性氧化铝缓慢地加入柱中使其均匀沉降，不断搅拌使柱中不带气泡。中性氧化铝的用量一般为样品量的 20~50 倍。

(2)样品的加入。一般将样品溶于有机溶剂中，轻轻注入已准备好的中性氧化铝柱上面，勿使中性氧化铝面受到扰动，如果样品不易溶于开始层析时使用的有机溶剂，可先将样品溶于能溶的有机溶剂以少量的中性氧化铝拌匀，然后等有机溶剂挥发干净，再将带有样品的中性氧化铝加在层析柱中性氧化铝上面。样品溶液加完后，打开下端活塞，使液体慢慢流出，至溶剂液面和中性氧化铝表面相齐(勿使中性氧化铝表面干燥)即可用溶剂洗脱。

(3)洗脱和分离。连续不断地加入洗脱剂，并保持一定高度的液面。如样品各组分有颜色，在中性氧化铝柱上可直接观察，

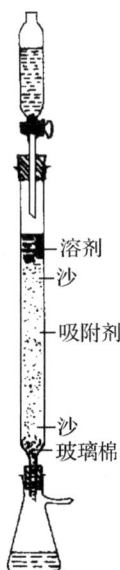

溶剂
沙
吸附剂

沙
玻璃棉

图 2-38　柱色谱装置

洗脱后分别收集各个组分。在多数情况下，化合物是无颜色的，可等分收集洗脱液，每份洗脱剂的体积随所用中性氧化铝的量及样品的分离情况而定。如洗脱液极性较大或样品的各组分结构相似时，每份收集量较小。

洗脱液的流出速度不可太快，否则柱中交换来不及达到平衡，会影响分离效果。一个柱色谱的分离在保证分离效果的前提下，所用时间应尽可能短，因中性氧化铝表面活性大，有时会破坏某种成分，所以样品在柱上不可停留时间过长。

由于洗脱溶剂的洗脱能力与溶剂极性有关，更换溶剂时常先用混合溶剂作为过渡，开始时逐渐增加较大极性溶剂的比例，自 0~10% 以后每次递增 5%~10%，使较大极性溶剂比例自 10% 递增到 50%，然后更换较大极性溶剂，这样各组分的分离效果更好。

(4) 中性氧化铝的再生。层析后，先除去上端深颜色及带有杂质的中性氧化铝，其余的中性氧化铝用甲醇、稀醋酸、氢氧化钠溶液及水洗涤，再经高温(一般 400℃，6 h 为宜)后即可重新使用。

3. 注意事项

(1) 将色谱柱必须装平整、均匀。

(2) 要考虑有限柱填料的吸附量。

4. 思考题

吸附色谱法的基本工作原理是什么？常用的吸附剂有哪些？

(三) 薄层色谱法

薄层色谱法是一种微量、快速、简单的分离方法。薄层色谱法是把吸附剂或载体涂在玻璃板或塑料板上成为一薄层，将要分离的样品点在薄层上再用溶剂展开。它不仅适用于小量样品(几微克到几十微克，甚至 0.01 μg)的分离，也适用于较大量的样品精制。特别适用于挥发性较小，或在较高温度下易发生变化而不能用气相色谱分析的物质。

1. 基本原理

薄层色谱法可分为吸附薄层色谱和分配薄层色谱。吸附薄层色谱是用硅胶、中性氧化铝等吸附剂铺成薄层；分配薄层色谱是用硅胶、纤维素作支持剂铺成薄层。

2. 薄层色谱的操作

本实验主要介绍吸附薄层色谱。

将吸附剂均匀地涂在玻璃板上(固定相)，活化后点样，在展开剂中展开。样品中易被固定相吸附的组分移动较慢，而不易被固定相吸附的组分移动较快。经过一段时间展开后，不同组分便会彼此分开。

薄层吸附色谱用的吸附剂(如中性氧化铝、硅胶)的颗粒大小一般以通过 200 目左右筛孔为宜。如果颗粒太大，展开剂移动速度太快，分离效果不好；反之，如果太小，展开时又太慢，得出拖尾而不集中的斑点，分离效果也不好。

(1) 制备薄层板。薄层板制备的好与坏将直接影响实验结果，因此，制备时要尽可能使其均匀、牢固。

① 制备浆料。称取 10 g 硅胶，在 50 mL 小烧杯中，加入 20 mL 蒸馏水，将硅胶慢

慢加入水中，边加边搅拌，加料完毕后，充分搅拌，使之混合均匀。

②铺板。可采用平铺法，也可采用倾注法。

a. 平铺法。将玻璃片在薄层涂布器中间摆好(图 2-39)，上下两边各夹一块比前者厚 0.25~1.0 mm 的玻璃片，在涂布器槽中倒入调好的浆料，将涂布器自左向右推即可将浆料均匀涂在玻璃板上。若无薄层涂布器，也可在左边玻璃板倒上浆料，然后用边缘光滑的不锈钢尺自左向右将浆料刮平。

b. 倾注法。将调好的浆料倒在玻璃板上用手左右摇晃，使表面均匀光滑。将铺好的薄层板放在已校正水平面的平板上晾干。

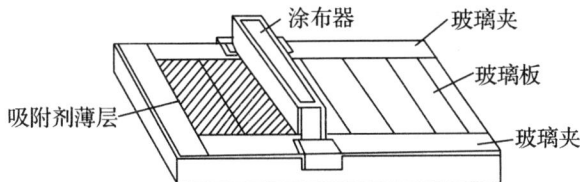

图 2-39　薄层涂布器

③活化。将晾干的薄层板放置于烘箱内加热活化。硅胶板一般在烘箱内逐渐升温，维持 105~110℃ 活化 30 min。

(2)点样。在距离薄层板一端沿 1.5 cm 处画一条线，作为起点线。在一块板上点样品 A 和 C，另一块板上点样品 B 和 C。点样时用毛细管吸取样品，垂直轻轻接触起点线。样品点的扩散直径不超过 3 mm。如果一次点样不够，可待溶剂挥发后再点第二次。点的次数依样品溶液的浓度而定。样品量太少时，有的成分不易显出，量太多时易造成斑点过大，互相交叉或拖尾，不能得到点的很好分离。

(3)展开。先将配好的展开剂倒入层析缸内，加盖，饱和 30 min。然后将点好样的两块薄层板放入层析缸内。点样的位置必须在展开剂液面之上。当展开剂前沿上至薄层板顶端 1 cm 左右时取出，画好前沿位置，然后将薄层板放平晾干。

(4)显色。样品如有颜色，直接就可以观察到斑点；如果没有颜色，可在紫外光下观察到荧光斑点，也可用显色剂显色。

(5)计算 R_f 值。分别计算出各斑点的 R_f 值。

3. 注意事项

(1)铺板时，玻璃板一定要干净，必要时可用乙醇擦洗。

(2)薄层板一定要均匀牢固。

4. 思考题

(1)为什么制备浆料时要充分混合均匀？

(2)样品点为什么不能过大？

(四)离子交换色谱法

离子交换色谱法是根据物质的酸碱度、极性和分子大小的差异而予以分离的技术。它采用了不溶性高分子化合物作为离子交换剂即离子交换树脂，使得这一技术迅速发展，广泛应用于化工、医药等领域。

1. 基本原理

离子交换是指溶液中的一种离子与树脂上的一种离子互相交换的过程。它是一个极为复杂的化学过程。可归纳如下：

(1)溶液的离子从溶液中扩散到交换树脂的表面。

(2)离子穿过树脂的表面后，又扩散进入树脂本体颗粒内。

(3)这些离子与树脂中的离子进行交换。

(4)交换出来的树脂中的离子扩散到树脂表面之外。

(5)扩散到溶液中。

强酸性阳离子交换树脂类似于硫酸，可进行如下反应：

$$R—SO_3H + NaCl \Longrightarrow R—SO_3Na + HCl$$

强碱性阴离子交换树脂类似于氢氧化钠，可进行如下反应：

$$R—CH_2N(CH_3)_3OH + NaCl \Longrightarrow R—CH_2N(CH_3)_3Cl + NaOH$$

离子交换树脂均可看作有机酸或有机碱离子的交换过程，也可以看作中和反应或复分解反应的过程。

离子交换树脂通常是苯乙烯和二乙烯苯的共聚体，为不溶于水的无晶形固体。阳离子交换树脂在共聚体上含—SO_3H、—$COOH$ 等酸性基团；阴离子交换树脂在共聚体上含—NH_2、—NHR、—NR_2、—R_4N^+等碱性基团。这些树脂吸附能力的强弱范围很广，只要选择得当，就能有效地用于物质的分离和纯化等。

一般在选择树脂时，有机碱选用阳离子树脂，有机酸则选用阴离子树脂。在酸性、中性、碱性条件下，可以使用强酸或强碱性树脂；弱酸性树脂宜在碱性条件下使用，弱碱性树脂宜在酸性条件下使用。

离子交换色谱的交换和分离效率与树脂的颗粒大小有关系，颗粒小效率高，颗粒大效率低。用于色谱的多为 200~400 目筛孔的树脂。另外，应尽可能选用耐热、耐酸、耐碱、耐磨及不易破碎的树脂。

树脂在未用之前需做如下处理：用水浸泡 24 h，倾出水清洗至澄清，除去水加 2~3 倍量的 2 mol/L 盐酸，搅拌 2 h，除去酸液后用水洗至中性；除去水，加 4~5 倍量的 2 mol/L 氢氧化钠搅拌 2 h，除去碱液后水洗至中性。

用过的树脂，用酸、碱处理后使其能够恢复到原生态，这一过程称为再生。但再生时，不是每次都用酸、碱反复处理，往往只要转型处理就可以了。

转型就是使树脂带上要求的离子。例如，需使阳离子树脂转成 Na^+ 型，则用 4~5 倍量 1~1.5 mol/L 氢氧化钠流经树脂，然后用蒸馏水洗至中性，即可成为 Na^+ 型树脂。同理可得到其他各种所需类型的树脂。

2. 离子交换色谱法的操作

(1)装柱。离子交换色谱装置如图 2-40 所示，柱直径与柱高之比为 1∶10~1∶20。将洗净的玻璃管底部铺一层玻璃棉，树脂用水调成浆状后倒入管中，装入量大

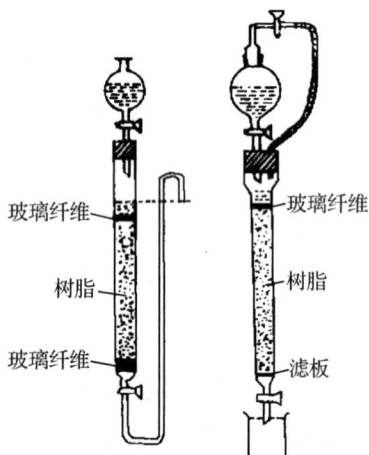

图 2-40 离子交换色谱装置

（图中标注：玻璃纤维、树脂、玻璃纤维、玻璃纤维、树脂、滤板）

约为管长的 2/3。填装的要求均匀无气泡，树脂始终保持在水层下。

(2)加样。将样品溶液加入柱内，流速控制在 3~5 mL/min。

(3)洗脱与收集。用洗脱剂洗脱，不同组分分别收集。流速控制在 1~2 mL/min。

3. 注意事项

(1)苯胺有毒，使用时应注意不要溅到手和皮肤上，并避免吸入体内。

(2)离子交换树脂用完再生洗至中性后，要一直浸泡在水中。

4. 思考题

(1)柱长与分离效果有什么关系？

(2)在进行离子交换和洗脱时为什么要控制流速？

第3章　有机化合物的制备

实验1　无水乙醇的制备

(一)实验目的

1. 用95%工业乙醇制备无水乙醇。
2. 学习回流、蒸馏及无水操作。
3. 学习微量法测沸点的原理和方法，并测定无水乙醇的沸点。

(二)实验原理

一般工业乙醇的纯度大约为95%，如果需要纯度更高的无水乙醇，可在实验室里将工业乙醇与氧化钙一起加热回流，使乙醇中的水与氧化钙作用，生成氢氧化钙来除掉水分，这样可得到纯度达99.5%无水乙醇。反应式为：

$$CH_3CH_2OH+H_2O+CaO \xrightarrow[\triangle]{回流} Ca(OH)_2+CH_3CH_2OH$$

(三)仪器与试剂

仪器：圆底烧瓶、球形冷凝管、直形冷凝管、氯化钙干燥管、温度计、干燥的吸滤瓶或蒸馏瓶等。

试剂：95%工业乙醇、氧化钙等。

(四)实验步骤

1. 无水乙醇的制备

在50 mL圆底烧瓶中加入20 mL 95%工业乙醇和4 g氧化钙，再加入几粒沸石。装上球形冷凝管，在球形冷凝管上端安装氯化钙干燥管。在水浴上回流加热半小时，稍冷后取下冷凝管，改成蒸馏装置进行蒸馏。蒸去前馏分后，用干燥的吸滤瓶或蒸馏瓶作接收器，其支管接一氯化钙干燥管使之与大气相通。用水浴加热，蒸馏至无液滴流出为止。称量无水乙醇的质量或体积，计算回收率。

2. 测定无水乙醇的沸点

用微量法测定无水乙醇的沸点。

(五)注意事项

1. 本实验中所用仪器均需干燥，由于无水乙醇具有强吸水性，故在操作过程中和存放时应防止水的侵入。

2. 由于氧化钙与水作用生成氢氧化钙，在加热时不分解，故可留在瓶中一起蒸馏。

3. 改成蒸馏装置时，应重新加入几粒沸石。

(六)思考题

1. 回流装置为什么用球形冷凝管？
2. 回流和蒸馏时为什么需加入沸石？
3. 制备易燃的有机试剂应注意哪些事项？

实验 2　丙酮的制备

(一)实验目的

1. 学习由异丙醇氧化制备丙酮的原理和方法。
2. 熟练掌握蒸馏操作。

(二)实验原理

实验室中常采用重铬酸钾的硫酸溶液或高锰酸钾等氧化剂氧化异丙醇制备丙酮。反应式为：

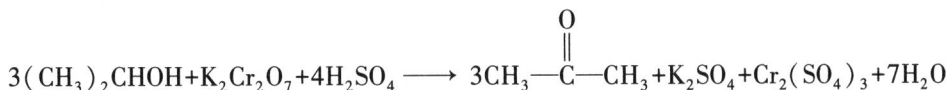

$$3(CH_3)_2CHOH+K_2Cr_2O_7+4H_2SO_4 \longrightarrow 3CH_3\overset{\overset{\displaystyle O}{\|}}{-C-}CH_3+K_2SO_4+Cr_2(SO_4)_3+7H_2O$$

(三)仪器与试剂

仪器：圆底烧瓶、分馏头、滴液漏斗、温度计、直形冷凝管、尾接管、锥形瓶等。

试剂：重铬酸钾、异丙醇、浓硫酸等。

(四)实验步骤

称取 5 g 重铬酸钾，放入蒸馏瓶中，加入 5 mL 水溶解，再加入 5 mL 异丙醇，几粒沸石，将混合物摇匀。

取一小烧杯，加入 6 mL 水，缓缓加入 2 mL 浓硫酸，摇匀后倒入滴液漏斗中。

按图 3-1 安装好制备丙酮装置。加热圆底烧瓶中

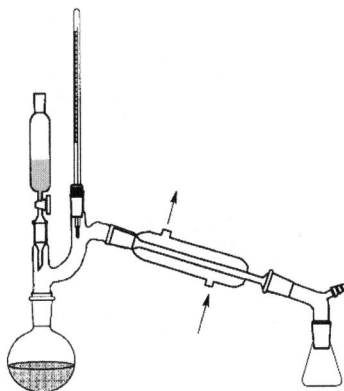

图 3-1　制备丙酮装置

的混合物至微沸，然后移去火源。用滴液漏斗向圆底烧瓶中滴加稀硫酸，滴加速度以维持烧瓶中的液体微沸为宜。收集 50~70℃ 的馏分，此为较纯的丙酮产品。

（五）注意事项

1. 滴加稀硫酸时一定要控制速度，不能太快，以防止反应太剧烈、反应混合物喷出。

2. 因丙酮沸点低，反应馏出物要浸在冷水浴中。

（六）思考题

1. 反应过程中反应物发生何种颜色变化？为什么？

2. 以异丙醇为原料催化脱氢能否生成丙酮？

3. 为什么在滴加稀硫酸之前要移去酒精灯？

实验 3　乙酸丁酯的制备

（一）实验目的

1. 学习和掌握制备乙酸丁酯的原理和方法。

2. 学习分水器的原理并掌握其使用方法。

（二）实验原理

以乙酸和正丁醇为原料，在浓硫酸的催化作用下，经加热便生成乙酸丁酯，反应式为：

$$CH_3COOH+CH_3CH_2CH_2CH_2OH \underset{}{\overset{浓硫酸}{\rightleftharpoons}} CH_3COOCH_2CH_2CH_2CH_3+H_2O$$

此反应为可逆反应，可采用使反应物过量和移去生成物的方法使反应向产物方向移动。一种方法是使价格较便宜的乙酸过量，从而提高反应产率。另一种方法是使用一个分水器，使反应生成的水随时脱离反应体系，从而达到提高产率的目的。本实验采取后一种方法。

（三）仪器与试剂

仪器：圆底烧瓶、分水器、直形冷凝管、分液漏斗、尾接管、锥形瓶等。

试剂：正丁醇、冰醋酸、浓硫酸、饱和碳酸钠溶液、无水硫酸镁等。

（四）实验步骤

在 50 mL 圆底烧瓶中加入 6 mL 正丁醇、8 mL 冰醋酸，混合均匀后，小心加入

0.6 mL 浓硫酸,振荡,加几粒沸石,装上分水器和直形冷凝管,如图 3-2 所示。在石棉网上加热回流。当回流的液体混合物在分水器中分层后,打开分水器活塞,放出下面的水层。随着反应的不断进行,重复上述操作,直至再无水层出现为止。停止加热,待反应混合物冷却后,将圆底烧瓶和分水器内的混合液体倒入分液漏斗萃取和洗涤。首先加 5 mL 水,振荡,静止分层,分去水层。再向分液漏斗中慢慢加入饱和碳酸钠溶液,缓慢振荡分液漏斗数次,并随时放出二氧化碳气体。当振荡至无二氧化碳产生时,静止分去下层水层后再用 5 mL 水洗涤有机层,分去水层。

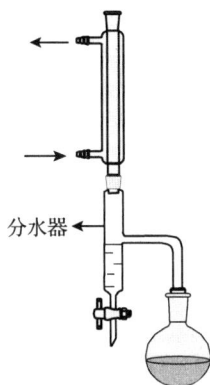

图 3-2 乙酸丁酯的制备装置

从分液漏斗上口将酯倒入一个干燥的 25 mL 锥形瓶,加入 0.5 g 无水硫酸镁,干燥 30 min。将酯小心移入干燥蒸馏瓶中(注意不要让干燥剂倒进去),加几粒沸石,改成蒸馏装置蒸馏。收集沸点 120～125℃ 馏分于已称重的干燥锥形瓶中,称量产品,计算产率。所用试剂可根据反应物的加入量按比例减少。

(五)注意事项

1. 在加入反应物之前,所有仪器都必须干燥。
2. 用碳酸钠溶液洗涤时产生大量的二氧化碳气体,要及时从分液漏斗中放出。

(六)思考题

1. 本实验得到的粗产品中含有哪些杂质?如何将它们除去?
2. 何谓酯化作用?有哪些物质可以作为酯化催化剂?
3. 实验中为什么要使用分水器?

实验 4 乙酰苯胺的制备及提纯

(一)实验目的

1. 学习合成乙酰苯胺的原理和方法。
2. 学习重结晶的原理及基本操作,用重结晶法提纯粗乙酰苯胺。

(二)实验原理

乙酰苯胺可以通过苯胺与酰基化试剂(如乙酰氯、乙酸酐或冰醋酸)作用来制备。乙酰氯与苯胺反应过于剧烈,不宜在实验室内使用,乙酸酐与苯胺的反应也比较剧烈,但若用冰醋酸作为溶剂,则反应较宜控制,适用于实验室制备乙酰苯胺,而冰醋酸与苯

胺反应平稳,虽然容易控制,但速度较慢,故本实验采用乙酸酐作酰基化试剂。反应式为:

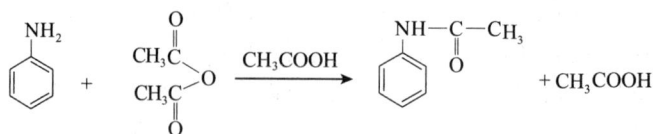

(三) 仪器与试剂

仪器:圆底烧瓶、直形冷凝管、布氏漏斗、抽滤瓶等。

试剂:苯胺、乙酸酐、冰醋酸、活性炭等。

(四) 实验步骤

半微量法合成乙酰苯胺的装置如图 3-3 所示。

在 50 mL 圆底烧瓶中加入 2 mL 乙酸和 6 mL 乙酸酐,并将烧瓶浸在冷水中冷却,慢慢摇荡,逐渐加入 4 mL 苯胺。装上冷凝管,加热回流 0.5 h。

将热反应液倒入盛有 100 mL 沸水的烧杯中(如有油状物生成,则加热并添加少量水即可),加热至沸,当乙酰苯胺恰好溶解之后,冷却至沸点以下,加 0.1 g 左右活性炭进行脱色,在搅拌下微微沸腾数分钟。趁热进行热过滤(用布氏漏斗减压过滤),过滤过程中应保持溶液的温度,防止冷却。待所有溶液过滤完毕后,将滤液转移至 250 mL 烧杯中,静置,冷却至室温。析出结晶后,再次减压过滤,得干燥的白色鳞片状结晶,用少量水分 2 次洗涤滤饼,然后,在漏斗上用玻璃钉或玻璃尽量压干。将结晶铺在滤纸或表面皿上空气干燥。称重,测熔点。

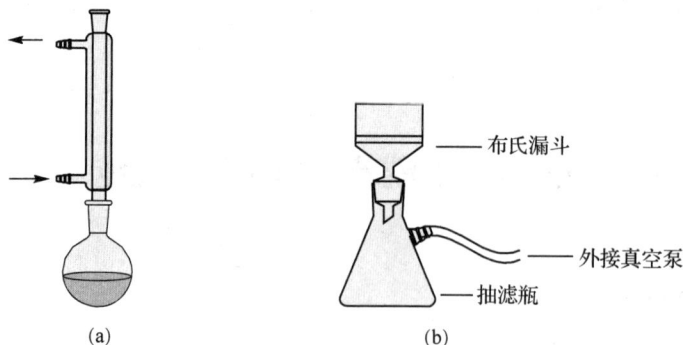

图 3-3 半微量法合成乙酰苯胺的装置
(a)制备装置 (b)抽滤装置

(五) 注意事项

1. 久置的苯胺由于氧化而常常有黄色,会影响产品的质量,所以在使用前应蒸馏。
2. 溶解过程中会出现油珠状物,此油珠不是杂质,而是由于溶液温度超过 83℃,

未溶于水但却熔化的乙酰苯胺，因此应继续加热或加水直至油状物溶解为止。

3. 绝对不可在沸腾时加入活性炭，以免暴沸。活性炭用量一般为 1%～5%。

4. 为防止有不溶性杂质存在，应先加入较溶解度算出的溶剂量略少的溶剂，然后补加至全部溶解后，再加少量溶剂。

(六)思考题

1. 欲得到质量较高、产量较多的乙酰苯胺应注意哪些操作？

2. 列出重结晶系统操作的每一步骤。简单说明纯化不纯固体有机物每一步的主要目的。

实验 5　邻硝基苯酚和对硝基苯酚的制备与分离

(一)实验目的

了解邻硝基苯酚和对硝基苯酚的制备方法，学习用水蒸气蒸馏方法分离有机化合物。

(二)实验原理

苯酚极易硝化，用稀硝酸直接在室温下即可硝化，得到邻硝基苯酚和对硝基苯酚的混合物，但由于硝酸使苯酚氧化而降低了产物的产率，所以本实验采用硝酸钠与硫酸的混合物代替稀硝酸，以减少苯酚被氧化程度，提高产率。反应式为：

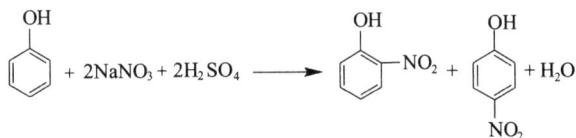

生成的邻硝基苯酚由于能形成分子内氢键，因此沸点低于对硝基苯酚，同时在沸水中的溶解度也较对硝基苯酚小得多，易随水蒸气蒸出，因此可借水蒸气蒸馏来将这两个异构体分开。

邻硝基苯酚是黄色针状结晶，沸点 214.5℃。

对硝基苯酚是无色棱柱状结晶，沸点 279℃。

(三)仪器与试剂

仪器：圆底烧瓶、小烧杯、水蒸气蒸馏装置等。

试剂：浓硫酸、硝酸钠、苯酚、乙醇、活性炭、2%稀盐酸等。

（四）实验步骤

在 500 mL 圆底烧瓶中加入 60 mL 水，慢慢加入 21 mL 浓硫酸及 23 g 硝酸钠。将圆底烧瓶置入冷水中冷却。在小烧杯中称取 14.1 g 苯酚并加入 4 mL 水，温热搅拌至溶解。边振荡边用滴管向圆底烧瓶中逐滴加入苯酚溶液，保持反应温度在 15~20℃。滴加完后放置 0.5 h 并加以振荡，使反应完全。此时得到黑色焦油状物质，用冷水冷却并向烧瓶中加入 80 mL 水，轻摇烧瓶使黑色油状物沉于瓶底，小心倾去上层酸层。油层再用水以倾泻法洗涤 3 次，每次用水 80 mL，以除去残余的酸液，直至水溶液用石蕊试纸检测呈中性。

用圆底烧瓶将油层进行水蒸气蒸馏。直至冷凝管无黄色油珠为止。馏出液冷却后，粗邻硝基苯酚迅速凝成黄色固体，抽滤收集产品，干燥，称重，测熔点。若纯度不够，可用乙醇-水混合溶剂重结晶。产品为亮黄色针状晶体。

在水蒸气蒸馏后的残液中，加 10 mL 浓盐酸、1 g 活性炭，加热煮沸 10 min。趁热过滤。滤液再用活性炭脱色一次。脱色后的溶液装入烧杯中，浸入冰水浴，粗对硝基苯酚立即析出。经抽滤，收集产品，干燥后再用 2% 稀盐酸重结晶，熔点 114℃。

（五）注意事项

1. 苯酚室温为固体（熔点 41℃），可用温水浴温热熔化，加水可降低苯酚熔点使其呈液态，有利于反应。苯酚对皮肤有腐蚀性，如沾到皮肤上立即用肥皂水冲洗，最后用乙醇擦洗。

2. 苯酚与酸不互溶，故需不断振荡使其充分接触达到完全反应，同时也可防止局部过热。反应温度超过 20℃ 时，硝基苯酚可继续硝化或被氧化，造成产率下降。若温度过低，则对硝基苯酚所占比例升高。

3. 若有残余酸液存在，会在水蒸气蒸馏时，因温度升高，而使硝基苯酚进一步硝化或氧化。

4. 水蒸气蒸馏时，往往由于邻硝基苯酚晶体析出而堵塞冷凝管。此时，必须调节冷凝水，让热的蒸气通过使其熔化，然后慢慢开大水流。

5. 邻硝基苯酚重结晶，将粗产品溶于热的乙醇（40~45℃）中，过滤后，滴入温水中出现混浊。然后用温水浴（40~45℃）温热或滴入少量乙醇至清，冷却后即析出亮黄色针状的邻硝基苯酚。

（六）思考题

1. 本实验有哪些副反应？如何减少这些副反应的发生？
2. 水蒸气蒸馏的原理是什么？被提纯物质应具备什么条件才能采用此法来纯化？

实验 6　正溴丁烷的制备

（一）实验目的
1. 学习合成正溴丁烷的原理和方法。
2. 进一步掌握蒸馏回流及气体吸收装置。

（二）实验原理
用醇与卤化氢在酸性条件下的取代反应制得，其主要反应为：

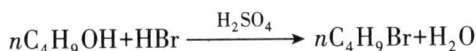

$$NaBr+H_2SO_4 \longrightarrow HBr+NaHSO_4$$

$$nC_4H_9OH+HBr \xrightarrow{H_2SO_4} nC_4H_9Br+H_2O$$

反应过程中的副反应：

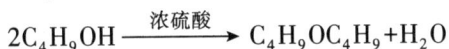

$$H_2SO_4+2HBr \longrightarrow SO_2+Br_2+2H_2O$$

$$2C_4H_9OH \xrightarrow{浓硫酸} C_4H_9OC_4H_9+H_2O$$

$$C_4H_9OH \xrightarrow{浓硫酸} C_2H_5CH=CH_2+H_2O$$

（三）仪器与试剂
仪器：圆底烧瓶、直形冷凝管、气体吸收装置、蒸馏头、分液漏斗、锥形瓶、尾接管、温度计等。

试剂：正丁醇、无水溴化钠、浓硫酸、饱和碳酸氢钠溶液、无水氯化钙、5%氢氧化钠溶液等。

（四）实验步骤
在 50 mL 圆底烧瓶上安装直形冷凝管，直形冷凝管上口接一气体吸收装置，用 5% 氢氧化钠溶液作吸收剂[图 3-4(a)]。

在圆底烧瓶中加入 5 mL 水，并小心地加入 6 mL 浓硫酸，混合均匀后冷却至室温。再依次加入 3.8 mL 正丁醇和 5 g 无水溴化钠，充分振荡后加入几粒沸石，连上气体吸收装置。将烧瓶置于石棉网上用小火加热至沸，调节火焰使反应物保持沸腾而平稳地回流 30~40 min，同时摇动烧瓶促使反应完成，由于无机盐水溶液有较大的相对密度，不久将分出上层液体即正溴丁烷。待反应液冷却后，移去冷凝管，加上蒸馏头，改为蒸馏装置(不需要温度计)，进行第一次蒸馏，蒸出粗产物正溴丁烷。

将馏出液移至分液漏斗中，加入 5 mL 水洗涤。产物转入另一个干燥的分液漏斗中，用 3 mL 浓硫酸洗涤，尽量分去硫酸层。有机相依次用 5 mL 水、饱和碳酸氢钠溶液和 5 mL 水洗涤后转入干燥的锥形瓶中，用 1~2 g 黄豆粒大小的无水氯化钙干燥，间歇摇动锥形瓶，直至液体清亮为止。

将干燥好的产物过滤到蒸馏装置[图 3-4(b)]中，进行第二次蒸馏，收集 99~103℃ 的馏分。

纯正溴丁烷的沸点 101.6℃，折光率 n_D^{20}1.439 9。

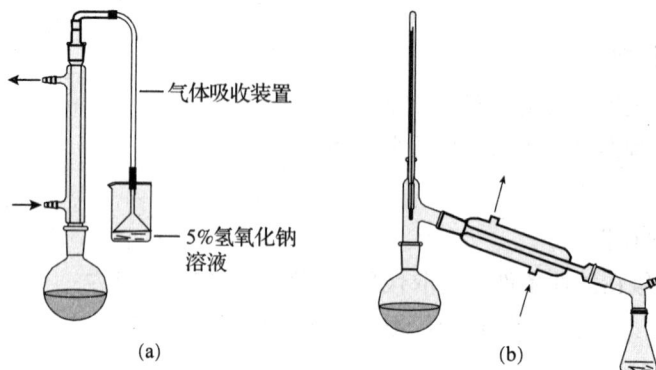

图 3-4　正溴丁烷的制备和蒸馏装置
(a)制备装置　(b)蒸馏装置

气体吸收装置

5%氢氧化钠溶液

(a)　　　(b)

（五）注意事项

1. 无水溴化钠要最后添加。

2. 如水洗后产物还呈红色，则是因为浓硫酸的氧化作用生成游离溴，可加入几毫升饱和亚硫酸氢钠溶液洗涤除去。

（六）思考题

1. 本实验中浓硫酸的作用是什么？硫酸的用量和浓度过大或过小有什么不好？

2. 反应后的粗产物中含有哪些杂质？分步洗涤的目的何在？

3. 为什么用饱和碳酸氢钠溶液洗涤前先要用水洗一次？

4. 为什么第一次蒸馏不需要温度计？如何判断第一次蒸馏是否完全？

实验 7　甲基橙的制备

（一）实验目的

1. 通过甲基橙的制备掌握重氮化反应和偶合反应的实验操作。

2. 巩固盐析和重结晶的原理和操作。

(二)实验原理

甲基橙是指示剂，它是对氨基苯磺酸重氮盐与 N,N-二甲基苯胺的乙酸盐，在弱酸性介质中偶合得到的。偶合首先得到的是嫩红色的酸式甲基橙，碱为酸性黄，在碱中酸性黄转变为橙黄色的钠盐，即甲基橙。其主要反应为：

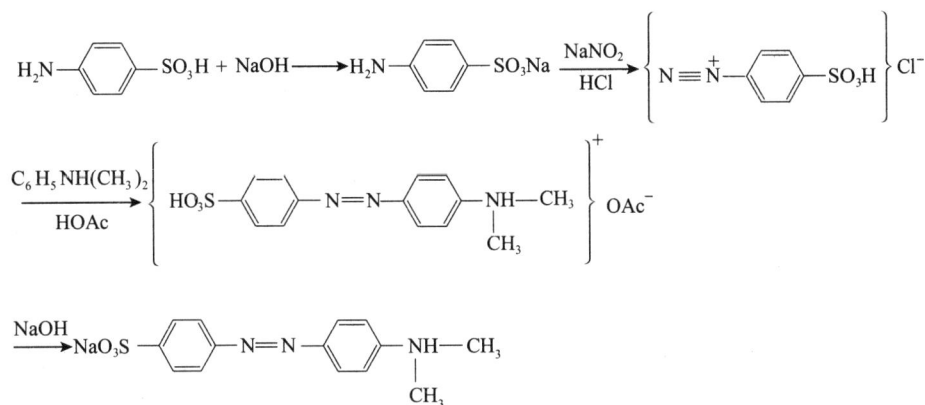

(三)仪器与试剂

仪器：机械搅拌器、冰箱、水浴锅、温度计、吸滤瓶、布氏漏斗、真空泵、烧杯、试管、滴液漏斗等。

试剂：对氨基苯磺酸、亚硝酸钠、N,N-二甲苯胺、盐酸、氢氧化钠溶液(5%、10%)、乙醇、乙醚、冰醋酸等。

(四)实验步骤

1. 对氨基苯磺酸重氮盐的制备

在 100 mL 烧杯中放入 2.1 g 对氨基苯磺酸，加 10 mL 5%氢氧化钠溶液搅拌，在热水浴中温热使之溶解(加热溶解时温度不能太高，加热至刚溶解即可，以免蒸干溶剂)。冷却至室温后，在另一个小烧杯中加入 0.8 g 亚硝酸钠和 6 mL 水，搅拌后将两个烧杯液体混合，用冰盐浴冷却至 0~5℃。再取一个小烧杯，将 3 mL 浓盐酸和 10 mL 水配成的溶液冷却至 0~5℃，在不断搅拌下将其滴入上述混合溶液中，用淀粉-碘化钾试纸检验终点，直至淀粉-碘化钾试纸变蓝。然后在冰盐浴中放置 15 min，以保证反应完全。

2. 偶合

在一支试管中加入 1.3 mL N,N-甲基苯胺和 1 mL 冰醋酸，振荡使之混合。在搅拌下将此溶液慢慢加到上述冷却的对氨基苯磺酸重氮盐溶液中，继续搅拌 10 min，此时有红色的酸性黄沉淀。然后，在搅拌下慢慢加入 25 mL 10%氢氧化钠溶液。直至反应物变为橙色，粗制的甲基橙呈细粒状沉淀析出。

3. 盐析和抽滤

将烧杯从冰盐浴中取出，恢复至室温。在反应物中加入 5 g 氯化钠，搅拌，用沸水浴加热使粗制的甲基橙全部溶解后，冷却至室温，置于冰浴中，待甲基橙全部重新结晶析出后，抽滤收集结晶。用少量饱和氯化钠溶液冲洗烧杯和滤饼，压紧抽干。

4. 重结晶

将滤饼连同滤纸移到装有 75 mL 沸水的烧杯中，微微加热并且不断搅拌，滤饼几乎全溶后，取出滤纸，让溶液冷却至室温，然后置于冰浴中，甲基橙结晶全析出后，抽滤。滤饼依次用少量乙醇，乙醚洗涤产品。在 50℃ 以下晾干，称重，并计算产率。

5. 性能实验

溶解少许产品于水中，先加几滴稀盐酸，然后用稀氢氧化钠溶液中和，观察溶液的颜色的变化，记录实验现象。

(五) 注意事项

1. 对氨基苯磺酸为两性化合物，酸性强于碱性，它能与碱作用成盐而不能与酸作用成盐。

2. 重氮化过程中，应严格控制温度，反应温度若高于 5℃，生成的重氮盐易水解为酚，降低产率。

3. 若试纸不显蓝色，需补充亚硝酸钠溶液。

4. 在此时往往析出对氨基苯磺酸的重氮盐。这是因为重氮盐在水中可以电离，形成中性内盐，在低温时难溶于水而形成细小晶体析出。

5. 若反应物中含有未作用的 N,N-二甲基苯胺乙酸盐，在加入氢氧化钠后，就会有难溶于水的 N,N-二甲基苯胺析出，影响产物纯度。湿的甲基橙在空气中受光的照射后，颜色很快加深，所以一般得紫红色粗产物。

6. 重结晶操作要迅速，否则由于产物呈碱性，在温度高时易变质，颜色变深。用乙醇和乙醚洗涤的目的是使其迅速干燥。

7. N,N-二甲基苯胺有毒，处理时要小心，不要接触皮肤，避免吸入蒸气。如不小心接触皮肤，立即用 2% 乙酸溶液擦洗。

(六) 思考题

1. 在重氮盐制备前为什么还要加入氢氧化钠？如果直接将对氨基苯磺酸与盐酸混合后，再加入亚硝酸钠溶液进行重氮化操作可以吗？为什么？

2. 制备重氮盐为什么要维持 0~5℃ 的低温，温度高有何不良影响？

3. 重氮化为什么要在强酸条件下进行？偶合反应为什么要在弱酸条件下进行？

实验 8　阿司匹林的合成

(一)实验目的

掌握合成阿司匹林(乙酰水杨酸)的原理与方法。

(二)实验原理

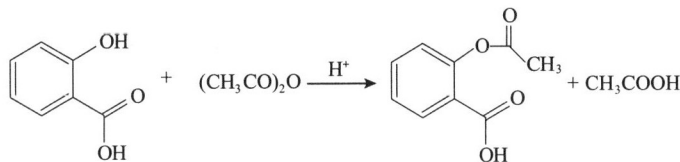

(三)仪器与试剂

仪器:磁力加热搅拌器、冰箱、水浴锅、循环水真空泵、玻璃仪器蒸干器、电子天平、电热套、远红外干燥箱等。

试剂:1%氯化铁溶液、浓硫酸、乙酸酐、水杨酸、饱和碳酸钠溶液、4 mol/L 盐酸、95%乙醇等。

(四)实验步骤

1. 乙酰水杨酸制备

(1)置 2.0 g 水杨酸于 50 mL 圆底烧瓶中,小心地在通风橱中加入 5 mL 乙酸酐,保持搅拌,然后加 5 滴浓硫酸,旋摇烧瓶中的内容物使其充分混合,然后将烧瓶在事先预热的水浴中加热 15 min。

水浴装置:250 mL 烧杯中加入 100 mL 水和沸石,温度控制在 85~90℃。

(2)从水浴上移去烧瓶,将液体转移至 250 mL 烧杯中并冷却至室温(可能没有晶体析出)。加入 50 mL 水,同时剧烈搅拌;冰水中冷却 10 min,待晶体完全析出,用搅拌棒捣碎可能形成的任何块状物。

(3)抽滤。用布氏漏斗进行真空过滤以收集产品。在漏斗上用 15 mL 冰水冲洗产品。

2. 乙酰水杨酸提纯

(1)粗产品置于 100 mL 烧杯中缓慢加入饱和碳酸氢钠溶液,产生大量气体,固体大部分溶解。加入饱和碳酸氢钠溶液 5~15 mL,搅拌至无气体产生。

(2)用干净的抽滤瓶抽滤,用 5~10 mL 水洗。将滤液和洗涤液合并转移至 100 mL 烧杯中,缓缓加入 4 mol/L 盐酸 15~25 mL。边加边搅拌,有大量气泡产生。

(3)用冰水冷却 10 min 后抽滤,2~3 mL 冷水洗涤几次,抽干,干燥,称重。

（4）产品纯度检验。取 2 支试管，分别用 1 mL 95% 乙醇溶解几粒水杨酸晶体与几粒所合成的阿司匹林晶体，然后加 1% 氯化铁溶液以鉴别每种化合物酚上的羟基，记下实验结果。

（五）注意事项

1. 乙酸酐须重新蒸馏，水杨酸须预先干燥。

2. 为了检验产品中是否还有水杨酸，利用水杨酸属酚类物质可与氯化铁发生颜色反应的特点，用几粒结晶加入盛有 3 mL 水的试管中，加入 1~2 滴 1% 氯化铁溶液，观察有无颜色反应（紫色）。

3. 产品乙酰水杨酸易受热分解，因此熔点不明显，它的分解温度为 125~128℃。用毛细管测熔点时宜先将溶液加热至 120℃ 左右，再放入样品管测定。

（六）思考题

1. 反应中有哪些副产品，如何除去？
2. 反应中加入浓硫酸的目的是什么？
3. 为什么用乙酸酐而不用乙酸？
4. 反应容器为什么要干燥无水？

实验 9　肉桂酸的制备

（一）实验目的

1. 了解肉桂酸的制备原理和方法。
2. 掌握回流，水蒸气蒸馏等操作。

（二）实验原理

利用普尔金（Perkin）反应，将芳醛与酸酐混合后在相应的羧酸盐存在下加热，可以制得 α，β-不饱和酸。

例如：

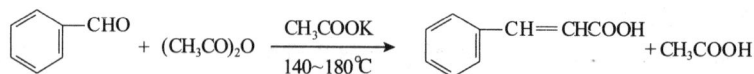

本实验按照 Kalnin 所提出的方法，用碳酸钾代替普尔金反应中的乙酸钾，反应时间短，产量高。

(三)仪器与试剂

仪器：磁力加热搅拌器、循环水真空泵、电子天平、电热套、远红外干燥箱等。

试剂：浓盐酸、10%氢氧化钠溶液、无水碳酸钾、碳酸钠、乙酸酐、苯甲醛、乙醇、活性炭等。

(四)实验步骤

肉桂酸的制备装置如图 3-5 所示。

在 100 mL 三颈烧瓶中放入 3 mL 新蒸馏过的苯甲醛、8 mL 新蒸馏的乙酸酐和研细的 4.2 g 无水碳酸钾，在电热套上加热回流，反应液温度始终保持在 150~170℃，使反应进行 45 min(回流)。由于有二氧化碳放出，初期有泡沫产生。

待反应物冷却后，加入 20 mL 水，将瓶内生成的固体尽量捣碎，用水蒸气蒸馏出未反应完的苯甲醛(蒸出液中无油珠为止)。再将烧瓶冷却，加入 10%氢氧化钠溶液 20 mL，以保证所有的肉桂酸成钠盐而溶解，加入 45 mL 水和 0.5~1 g 活性炭，将混合物加热煮沸 10 min，活性炭脱色，趁热过滤，将滤液冷却至室温以下。配制 10 mL 浓盐酸和 10 mL 水的混合物，在搅拌下将此混合液加入肉桂酸盐溶液中至呈酸性(刚果红试纸变蓝)。用冷水冷却，待结晶完全，抽滤，用少量冷水洗涤沉淀。抽干，让粗产品在空气中晾干，产量约为 3 g(产率 65%~70%)。粗产品可用热水或 3:1 的水-乙醇重结晶。纯肉桂酸的熔点 133℃。

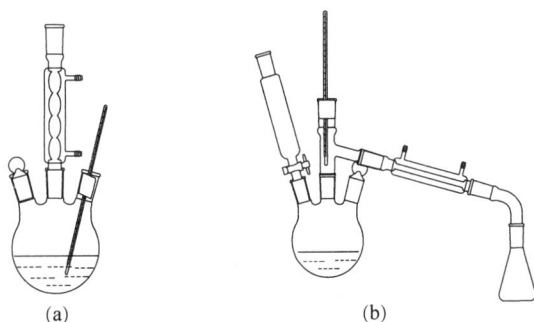

图 3-5　肉桂酸的制备装置

(a)回流装置　(b)直接水蒸气蒸馏装置

(五)注意事项

1. 普尔金反应所用仪器必须彻底干燥(包括称取苯甲醛和乙酸酐的量筒)。

2. 可以用无水碳酸钾和无水乙酸钾作为缩合剂，但是不能用无水碳酸钠。

3. 回流时加热强度不能太大，否则会把乙酸酐蒸出。

4. 本实验中，反应物苯甲醛和乙酸酐的反应活性都较小，反应速度慢，必须提高反应温度来加快反应速度。但反应温度又不宜太高，一方面由于乙酸酐和苯甲醛的沸点分别为 140℃ 和 178℃，温度太高会导致反应物的挥发；另一方面温度太高易引起脱羧、聚合等副反应，故反应温度一般控制在 150~170℃。

5. 反应刚开始，会因二氧化碳的放出而有大量泡沫产生，这时候加热温度尽量低些，等到二氧化碳大部分出去后，再小心加热到回流态，这时溶液呈浅棕黄色。反应结束的标志是反应已到规定时间，有少量固体出现。反应结束后，再加热水，可能会出现整块固体，注意不要去压碎它，以免触碎反应瓶。等水蒸气蒸馏时，温度一高，它会溶解的。

6. 为了提高产品的纯度和产率，进行脱色操作时一定取下烧瓶，稍冷后再加入活性炭。热过滤时，布式漏斗要事先在沸水中预热，取出动作要快。进行酸化时要慢慢加入浓盐酸，一定不要加入太快，以免产品冲出烧杯造成产品损失。肉桂酸要结晶彻底，进行冷过滤；不能用太多水洗涤产品。

（六）思考题

1. 具有何种结构的醛能进行 Perkin 反应？
2. 为什么布氏漏斗要事先在沸水中预热？
3. 为什么稍冷之后再加入活性炭？
4. 苯甲醛和丙酸酐在无水的丙酸钾存在下相互作用得到什么产物？写出反应式。

实验 10　雪花膏的配制

（一）实验目的

1. 了解雪花膏的配制原理和各组分的作用。
2. 掌握雪花膏的配制方法。

（二）实验原理

1. 主要性质

雪花膏是白色膏状乳剂类化妆品。乳化剂是一种以极小的液滴分散于另一种互不相溶的液体中所形成的分散体系，雪花膏涂在皮肤上遇热容易消失，因此称为雪花膏。

2. 配制原理和护肤机理

雪花膏通常是以硬脂酸皂为乳化剂的水包油型乳化体系，水相中含有多元醇等水溶性物质。把雪花膏涂于皮肤上，水分挥发后吸水性多元醇与油性组分共同形成一个控制表皮水分蒸发过快的保护膜，它隔离了皮肤与空气的接触，避免皮肤在干燥的环境中由于表皮水分蒸发过快而导致皮肤干裂，也可以在配方中加入可被皮肤吸收的营养物质。

我国对雪花膏的配制标准是：理化指标要求包括膏体耐热耐寒稳定性；pH 值（微

碱性≤8.5，微酸性4.0~7.0)；感官要求包括色泽、香气和膏体结构(细腻，擦在皮肤上应润滑、无面条状、无刺激)。

(三)仪器与试剂

仪器：烧杯、电动搅拌器、温度计、托盘天平、电炉、水浴锅等。

试剂：硬脂酸、单硬脂酸甘油酯、十六醇、丙二醇、氢氧化钠、香精、防腐剂等。

(四)实验步骤

1. 配方

雪花膏配方见表3-1所列。

表 3-1　雪花膏配方

原料	加入量/%	原料	加入量/%
硬脂酸	15.0	氢氧化钠	0.05
单硬脂酸甘油酯	1.0	氢氧化钾	0.6
白油	1.0	香精	适量
十六醇	1.0	防腐剂	适量
丙二醇	10.0	水	适量

2. 配制

按表3-1中的量分别称量硬脂酸、单硬脂酸甘油酯、白油、十六醇、丙二醇，将称好的原料放入一个烧杯中，氢氧化钠、氢氧化钾和水称量后放入另一个烧杯中，分别加热至90℃。使原料融化，溶解均匀。装水的烧杯在90℃下保持20 min，然后在搅拌下，将水相慢慢加入油相中，继续搅拌，当温度降至50℃时，加入防腐剂，降至40℃时，加入香精，搅拌，冷却至室温，调整膏体的pH值，使其在要求的范围内。

(五)注意事项

1. 注意将水相滴加到油相中，要控制滴加速度，避免发生结块。

2. 在两相混合时和两相混合后应充分搅拌。

(六)思考题

1. 配方中丙二醇的作用是什么？白油的作用是什么？十六醇的作用是什么？

2. 试计算皂化值。

3. 如不加氢氧化钾会产生什么样的结果？

实验 11　苯甲醇和苯甲酸的制备

（一）实验目的

1. 学习由苯甲醛制备苯甲醇和苯甲酸的原理和方法。
2. 进一步熟悉机械搅拌器的使用。
3. 进一步掌握萃取、洗涤、蒸馏、干燥和重结晶等基本操作。
4. 全面复习巩固有机化学实验基本操作技能。

（二）实验原理

无 α-氢的醛在浓碱溶液作用下发生歧化反应，一分子醛被氧化成羧酸，另一分子醛则被还原成醇，此反应称为坎尼扎罗（Cannizzaro）反应。本实验采用苯甲醛在浓氢氧化钠溶液中发生坎尼扎罗反应，制备苯甲醇和苯甲酸，反应式如下：

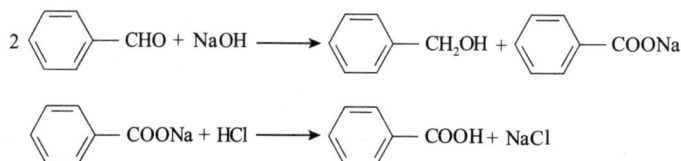

$$2 \text{C}_6\text{H}_5-\text{CHO} + \text{NaOH} \longrightarrow \text{C}_6\text{H}_5-\text{CH}_2\text{OH} + \text{C}_6\text{H}_5-\text{COONa}$$

$$\text{C}_6\text{H}_5-\text{COONa} + \text{HCl} \longrightarrow \text{C}_6\text{H}_5-\text{COOH} + \text{NaCl}$$

（三）仪器与试剂

仪器：圆底烧瓶、直形冷凝管、磁力加热搅拌器、温度计、控温电热套等。

试剂：苯甲醛、乙醚、浓盐酸、氢氧化钠、饱和亚硫酸氢钠溶液、10% 硫酸钠溶液、无水硫酸镁等。

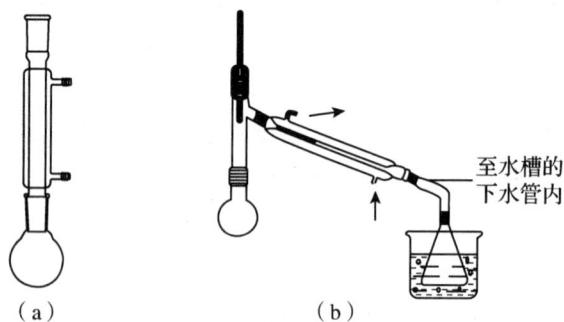

至水槽的
下水管内

（a）　　　　　　　　　（b）

图 3-6　苯甲醇和苯甲酸制备及蒸馏装置

（a）制备苯甲醇和苯甲酸的装置　（b）蒸馏乙醚的装置

（四）实验步骤

在 100 mL 圆底烧瓶中加磁转子及直形冷凝管，如图 3-6 所示。加入 4 g 氢氧化钠和

15 mL 水，搅拌溶解。稍冷，加入 5 mL 新蒸过的苯甲醛。开启搅拌器，调整转速，使搅拌平稳进行。加热回流约 40 min。停止加热，从球形冷凝管上口缓缓加入冷水 10 mL，摇动均匀，冷却至室温。反应物冷却至室温后，倒入分液漏斗，用乙醚萃取 3 次，每次 5 mL。水层保留待用。合并 3 次乙醚萃取液，依次用 3 mL 饱和亚硫酸氢钠溶液洗涤，5 mL 10%碳酸钠溶液洗涤，5 mL 水洗涤。分出醚层，倒入干燥的锥形瓶，加无水硫酸镁干燥，注意锥形瓶上要加塞。如图 3-6(b)安装好低沸点液体的蒸馏装置，缓缓加热蒸出乙醚(回收)。升高温度蒸馏，当温度升到 140℃时改用空气冷凝管，收集 198~204℃的馏分，即为苯甲醇，量体积，回收，计算产率。

将保留的水层慢慢地加入盛有 15 mL 浓盐酸和 15 mL 水的混合物中，同时用玻璃棒搅拌，析出白色固体。冷却，抽滤，得到粗苯甲酸。粗苯甲酸用水作溶剂重结晶，需加活性炭脱色。产品回收。

(五)注意事项

1. 本实验需要用乙醚，而乙醚极易着火，必须在近旁没有任何种类的明火时才能使用乙醚。蒸馏乙醚时，可在接引管支管上连接一长橡皮管通入水槽的下水管内或引出室外，接收器用冷水浴冷却。

2. 结晶提纯苯甲酸可用水作溶剂重结晶。80℃时，每 100 mL 水中可溶解苯甲酸 2.2 g。

(六)思考题

1. 试比较坎尼扎罗反应与羟醛缩合反应在醛的结构上有何不同？

2. 本实验中两种产物是根据什么原理分离提纯的？用饱和亚硫酸氢钠溶液及 10%碳酸钠溶液洗涤的目的是什么？

3. 乙醚萃取后剩余的水溶液，用浓盐酸酸化到中性是否最恰当？为什么？

4. 为什么要用新蒸过的苯甲醛？长期放置的苯甲醛含有什么杂质？如不除去，对本实验有何影响？

实验 12　苯乙酮的制备

(一)实验目的

学习傅-克(Friedel-Crafts)酰基化法制备苯乙酮的原理和方法。

(二)实验原理

制备苯乙酮最重要的方法就是傅-克酰基化反应，常用的酰化剂是酰氯和酸酐。本实验使用乙酸酐为酰化剂，虽其酰化能力较弱，但其价格较便宜。它可使苯乙酰化生成苯乙酮。

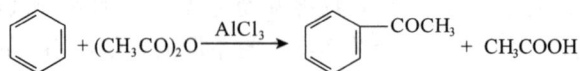

苯是反应物，同时用作溶剂，故其用量是过大的，氯化铝是催化剂，因它是路易斯（Lewis）酸，能和反应产物生成稳定的络合物。

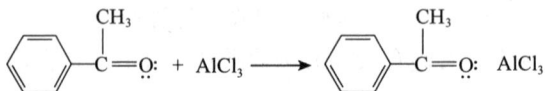

故氯化铝也是过量的。

（三）仪器与试剂

仪器：电动搅拌器、冰箱、水浴锅、折光仪、电子天平、电热套等。

试剂：浓盐酸、3 mol/L 氢氧化钠溶液、无水氯化铝、无水硫酸镁、氯化钙、乙酸酐、苯、乙醚等。

（四）实验步骤

在 100 mL 三颈烧瓶上，分别装上 10 mL 恒压漏斗、电动搅拌器和回流冷凝管，冷凝管上端通过一个氯化钙管，用一个橡皮管将氯化钙管与气体吸收装置相连，使反应过程逸出的氯化氢被水吸收。

检查整个装置不漏气后，取下滴液漏斗，迅速加入 10 g 无水氯化铝和 16 mL 苯，尽快塞好滴液漏斗。将 4 mL 乙酸酐加入滴液漏斗中，在搅拌下逐滴加入乙酸酐，注意控制加入速度或用水冷却反应瓶，勿使反应物剧烈沸腾。

加料完毕，反应剧烈程度稍减后，用 95℃ 左右的水浴加热反应瓶（同时搅拌），直至不再逸出氯化氢为止。

取出，冷却，在搅拌下将反应产物滴入 18 mL 浓盐酸和 30~40 g 碎冰中，充分搅拌后，若还有沉淀存在，再加适量浓盐酸使之溶解。分散上层后，用乙醚萃取下层 2 次，每次用量 8~9 mL。萃取液与上层液合并后，依次用 3 mol/L 氢氧化钠 8~9 mL，水 9 mL 洗涤，再用 2.5 g 无水硫酸镁干燥。

先在水浴上加热蒸馏回收苯和乙醚，后在石棉网上加热，蒸馏收集 195~202℃ 的馏分，称重，计算产率。

苯乙酮为无色油状液体，沸点 202℃，折光率 n_D^{20}1.537 18，产量 2.5~3 g（产率 50%~60%）。

（五）注意事项

1. 滴加苯乙酮和乙酸酐混合物的时间以 10 min 为宜，滴得太快温度不易控制。

2. 无水氯化铝的质量是本实验成败的关键，以白色粉末打开盖冒大量的烟，无结块现象为好。

3. 苯以分析纯为佳，最好用钠丝干燥 24 h 以上再用。

4. 粗产物中的少量水，在蒸馏时与苯以共沸物形式蒸出，其共沸点为 69.4℃，这是液体化合物的干燥方法之一。

（六）思考题

在苯乙酮的制备中，水和潮气对本实验有何影响？

实验 13　*β*-萘乙醚的制备

（一）实验目的

1. 了解威廉森法制备混合醚的原理和方法。
2. 熟练掌握回流装置的安装和操作。
3. 熟练掌握利用重结晶精制固体粗产物的操作技术。

（二）实验原理

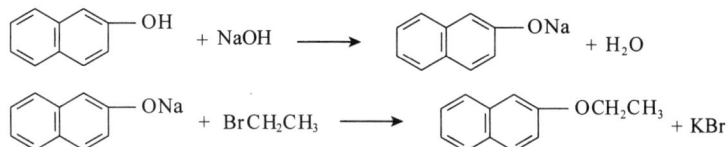

β-萘乙醚是白色片状晶体，熔点 37.5℃，不溶于醇、醚等有机溶剂。常用作玫瑰香、薰衣草香和柠檬香等。

（三）仪器与试剂

仪器：圆底烧瓶、蛇形冷凝管、直形冷凝管、锥形瓶、磁力加热搅拌器、布氏漏斗、吸滤瓶、真空泵等。

试剂：*β*-萘酚、无水乙醇、95%乙醇溶液、氢氧化钠、溴乙烷等。

（四）实验步骤

β-萘乙醚的制备和重结晶加热装置如图 3-7 所示。

在干燥的 100 mL 圆底烧瓶中加入 5 g *β*-萘酚、30 mL 无水乙醇和 1.6 g 研细的氢氧

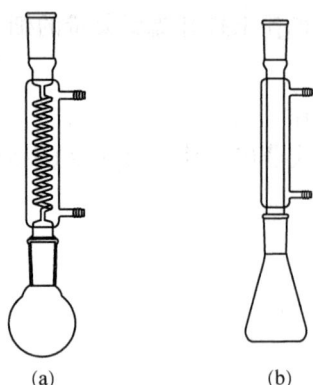

图 3-7　β-萘乙醚的制备和重结晶加热装置
（a）制备装置　（b）重结晶加热装置

化钠，在振荡下加入 3.2 mL 溴乙烷。安装回流装置，用水浴加热回流 1.5 h。

稍冷后，拆除装置。在搅拌下，将反应混合液倒入盛有 200 mL 冷水的烧杯中，在冰-水浴中冷却后减压过滤。用 20 mL 冷水分 2 次洗涤沉淀。

将沉淀移入 100 mL 锥形瓶中，加入 20 mL 95%乙醇溶液，装上回流冷凝管，在水浴中加热，保持微沸 5 min。撤去水浴，待冷却后，拆除装置。将锥形瓶置于冰-水浴中充分冷却后，抽滤。滤饼移至表面皿上，自然晾干后，称重并计算产率。

（五）注意事项

1. 溴乙烷和 β-萘酚都是有毒物品，应避免吸入其蒸气或直接与皮肤接触。

2. 加热时注意控制好水浴的温度。前期水浴温度不要太高，因为溴乙烷沸点 38.4℃。以保持反应液微沸即可，否则溴乙烷可能溢出。开始水浴温度不能超过 40℃，继续加热至 50℃以上开始回流。回流时，冷却水流量要大些。

3. 重结晶加热回流时，乙醇易挥发，所以应装上回流冷凝管。

4. 析出结晶时，要充分冷却，使结晶完全析出，减少产品损失。

（六）思考题

1. 威廉森合成反应为什么要使用干燥的玻璃仪器？否则会增加何种副产物的生成？
2. 可否用乙醇和 β-溴萘制备 β-萘乙醚？为什么？
3. 本实验回流时应如何控制水浴温度？为什么要间歇振荡反应瓶？

实验 14　苯胺的制备

（一）实验目的

1. 掌握硝基苯还原为苯胺的实验方法和原理。
2. 巩固水蒸气蒸馏和简单蒸馏的基本操作。

（二）实验原理

苯胺的制取不可能用任何直接方法将氨基导入苯环上，而是通过间接的方法来制取。将硝基苯还原就是制取苯胺的一种重要方法。实验室常用的还原剂有铁-盐酸，铁-乙酸，锡-盐酸，锌-盐酸等。用锡-盐酸作还原剂时，作用较快，产率较高，不需要用电动搅动，但锡价格较贵，同时盐酸和碱用量较多。

锡-盐酸法：

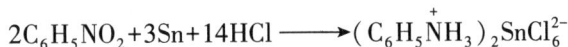

$$2C_6H_5NO_2 + 3Sn + 14HCl \longrightarrow (C_6H_5\overset{+}{N}H_3)_2SnCl_6^{2-}$$

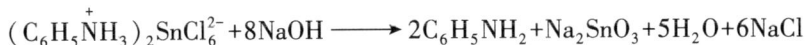

$$(C_6H_5\overset{+}{N}H_3)_2SnCl_6^{2-} + 8NaOH \longrightarrow 2C_6H_5NH_2 + Na_2SnO_3 + 5H_2O + 6NaCl$$

铁-盐酸法：

$$4C_6H_5NO_2 + 9Fe + 4H_2O \longrightarrow 4C_6H_5NH_2 + 3Fe_3O_4$$

苯胺有毒，操作应避免与皮肤接触或吸入其蒸气。若不慎触及皮肤时，应先用水冲洗，再用肥皂及温水洗涤。

（三）仪器与试剂

仪器：水浴锅、折光仪、电子天平、电热套等。

试剂：浓盐酸、50%氢氧化钠溶液、氯化钠、锡粒、硝基苯、铁粉、碳酸钠、粒状氢氧化钠、乙醚等。

（四）实验步骤

1. 锡-盐酸法

在一个100 mL圆底烧瓶中，加入9 g锡粒和4 mL硝基苯，装上回流装置，量取20 mL浓盐酸，分数次从冷凝管口加入烧瓶内并不断振荡，若反应太激烈，瓶内混合物沸腾时，将圆底烧瓶浸于冷水中片刻，使反应缓慢，当所有的浓盐酸加完后，将烧瓶置于沸腾的热水浴中加热30 min，使还原趋于完全，然后使反应物冷却至室温，在摇动下慢慢加入50%氢氧化钠溶液使反应物呈碱性。进行水蒸气蒸馏直至馏出液澄清为止，将馏出液放入分液漏斗中，分出粗苯胺。水层加入3~5 g氯化钠使其饱和后，用20 mL乙醚分2次萃取，合并粗苯胺和乙醚萃取液，用粒状氢氧化钠干燥。

2. 铁-盐酸法

在一个50 mL圆底烧瓶中，加入9 g铁粉、8 mL水和0.5 mL浓盐酸，用力振荡使其充分混合后，微微加热煮沸约几分钟，稍冷后加入4 g硝基苯，装上回流冷凝管，置于石棉网上用小火加热回流1 h，在回流过程中经常用力振荡，待反应完全后，用5 mL水冲洗回流冷凝管，洗液加入反应瓶中，在振荡下加入碳酸钠使反应物呈碱性。以后实验步骤按锡-盐酸法进行。

（五）注意事项

1. 本实验是一个放热反应，当加入硝基苯时均有一阵猛烈的反应发生，故要审慎加入并及时振荡或搅拌。

2. 硝基苯为黄色油状物，如果回流液中，黄色油状物消失，而转变成乳白色油珠，表示反应已完全。

3. 本实验用粒状氢氧化钠干燥，原因是氯化钙与苯胺可形成分子化合物。

4. 反应物内的硝基苯与盐酸互不相溶，而这两种液体与铁粉接触机会很少，因此充分振荡反应物，是使还原作用顺利进行的操作关键。

（六）思考题

1. 选择水蒸气蒸馏分离的原理和适用条件是什么？

2. 如果最后制得的苯胺中混有硝基苯该怎样提纯？

3. 反应物变黑时，即表明反应基本完成，欲检验，可吸取反应液滴入盐酸中摇振，若完全溶解表示反应已完成，为什么？

实验 15 2-甲基-2-已醇的制备

（一）实验目的

1. 了解格氏（Grignard）试剂制备方法及其在有机物合成中的应用。
2. 掌握制备格氏试剂的基本操作。
3. 学习磁力搅拌器的使用方法。
4. 巩固回流、萃取、蒸馏等操作技能。

（二）实验原理

醇的实验室制备可以用羰基还原或烯烃硼氢化氧化的方法，而对于结构较为复杂的醇则主要利用格氏反应。

反应式为：

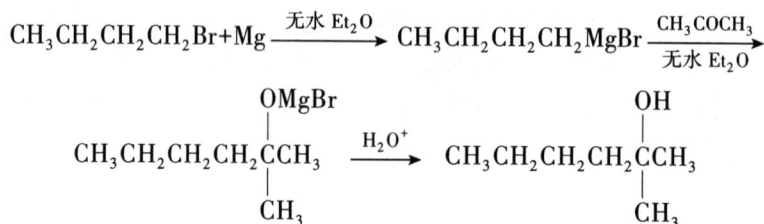

本实验前一阶段必须于无水的条件下完成，所有试剂必须经过干燥纯化，所有仪器也应先烘干，放入干燥器或烘箱中冷却。

(三) 仪器与试剂

仪器：磁力搅拌器、电热套、三颈烧瓶、直形冷凝管、干燥管、滴液漏斗等。

试剂：正溴丁烷、丙酮、无水氯化钙、无水碳酸钾、无水乙醚、乙醚、碘、镁屑、5%碳酸钠溶液、10%硫酸溶液等。

(四) 实验步骤

2-甲基-2-己醇的制备和蒸馏装置如图 3-8 所示。

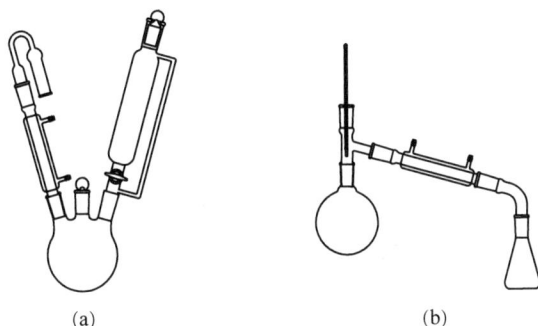

(a)　　　　　　　　　　(b)

图 3-8　2-甲基-2-己醇的制备和蒸馏装置

(a) 回流装置　(b) 蒸馏装置

在 50 mL 三颈烧瓶上分别安装滴液漏斗和冷凝管，在冷凝管的上口安装无水氯化钙干燥管。在三颈烧瓶里加入磁力搅拌子、0.8 g 镁屑(用手掰得碎些，会使镁反应更完全)、3 mL 无水乙醚和一小粒碘(碘对反应有催化作用，反应一开始，碘的颜色便消褪)。在滴液漏斗中充分混合 4 mL 正溴丁烷和 4 mL 无水乙醚后，先向三颈烧瓶中滴入 2~3 mL 混合液(注意：不要搅拌)。待数分钟，可观察到溶液中滴入正溴丁烷混合液后出现微沸(若反应仍未能发生，可用温水浴温热)，碘颜色消褪并出现混浊。反应开始时比较剧烈，待缓和后，从冷凝管上口加入 5 mL 无水乙醚。启动磁力搅拌器(为使反应易于发生，正溴丁烷开始的浓度应局部较大，所以此时才可开动磁力搅拌器)，打开分滴液漏斗，控制混合液滴加速度，使瓶内溶液保持微沸状态。滴加完毕，温水浴回流 15 min，使镁屑基本作用完全。

冰水浴冷却三颈烧瓶，边搅拌边从滴液漏斗中滴入 2 mL 丙酮和 3 mL 无水乙醚的混合液。控制滴加速度，勿使反应过于剧烈。滴完后，室温下继续搅拌 15 min。溶液中可能有灰白色黏稠状固体析出。然后用冰水浴冷却，边搅拌边从分滴液漏斗滴入 19 mL 10%硫酸溶液(硫酸的滴加速度应由慢到快，而且应事先用冰水浴冷却)以分解产物。待分解完全后，利用 125 mL 分液漏斗分出醚层。水层则用 10 mL 乙醚分 2 次萃取。合并醚层，用 25 mL 5%碳酸钠溶液洗涤一次(边振荡边放气)，用无水碳酸钾干燥 20 min

（产物能与水形成共沸物，为提高产率，蒸馏前必须干燥充分）。

把干燥后的醚溶液分批滤入 50 mL 圆底烧瓶中（干燥剂不能加入），加入几粒沸石，电热套加热（注意控制电热套的温度）蒸去乙醚（沸点 34.5℃），再在电热套上加热蒸馏，收集 137~141℃馏分。

纯 2-甲基-2-己醇的沸点 143℃，折光率 n_D^{20}1.417 5。

乙醚的沸点 34.5℃，折光率 n_D^{20}1.352 6。

（五）注意事项

1. 注意控制加料速度和反应温度。

2. 使用和蒸馏低沸点物质乙醚时，要远离火源，防止外泄，注意安全。

3. 制备格氏试剂，卤代烃的加入一般是慢慢滴加，若卤代烃加入过快将可能导致副反应的发生。

$$RBr \xrightarrow[\text{Et}_2\text{O}]{\text{Mg}} RMgBr \xrightarrow{\text{RBr}} R—R$$

碘催化的过程：

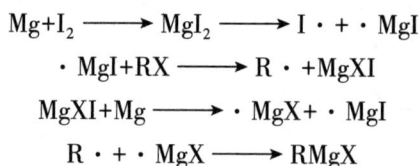

$$Mg+I_2 \longrightarrow MgI_2 \longrightarrow I\cdot + \cdot MgI$$

$$\cdot MgI + RX \longrightarrow R\cdot + MgXI$$

$$MgXI + Mg \longrightarrow \cdot MgX + \cdot MgI$$

$$R\cdot + \cdot MgX \longrightarrow RMgX$$

（六）思考题

1. 实验中，将格氏试剂与加成物水解前各步中，为什么使用的药品、仪器均需绝对干燥？应采取什么措施？

2. 反应若不能立即开始，应采取什么措施？

3. 实验中有哪些可能的副反应？应如何避免？

4. 由格氏试剂与羰基化合物反应制备 2-甲基-2-己醇，还可以采用何种原料？写出反应式。

5. 为什么粗产物不可以未干燥便蒸馏？为什么要用无水碳酸钾而不用无水氯化钙作干燥剂？

6. 在制备格氏试剂时，一般溴代烃的加入采用哪种方式？（　　　）

A. 一次性加入，促使反应进行

B. 缓缓滴入，保持反应溶液微沸

C. 在短时间内很快滴入，使反应溶液回流

D. 分批加入，维持室温反应

实验 16　乙酰乙酸乙酯的制备

（一）实验目的

1. 了解乙酰乙酸乙酯的制备原理和方法。
2. 掌握无水操作以及减压蒸馏等操作。

（二）实验原理

利用克莱森（Claisen）缩合反应，将两分子具有 α-氢的酯在醇钠的催化作用下可以制得 β-酮酸酯。化学反应式为：

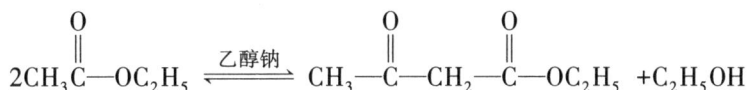

$$2CH_3\overset{O}{\overset{\|}{C}}\!\!-\!\!OC_2H_5 \xrightleftharpoons{\text{乙醇钠}} CH_3\!-\!\overset{O}{\overset{\|}{C}}\!\!-\!\!CH_2\!-\!\overset{O}{\overset{\|}{C}}\!\!-\!\!OC_2H_5 + C_2H_5OH$$

通常以酯及金属钠为原料，并以过量的酯作为溶剂，利用酯中含有的微量醇和金属钠反应来生成醇钠，随着反应的进行，由于醇的不断生成，反应就能不断地进行下去，直至金属钠消耗完毕。为了防止金属钠与水猛烈反应发生燃烧和爆炸，也为了防止醇钠发生水解，所以本实验必须在无水条件下进行。

（三）仪器与试剂

仪器：恒温水浴锅、循环水真空泵、电子天平、电热套、旋转蒸发仪等。

试剂：氯化钙、饱和氯化钠溶液、无水硫酸钠、50% 乙酸溶液、乙酸乙酯、金属钠等。

（四）实验步骤

1. 缩合和酸化

乙酰乙酸乙酯的制备和蒸馏装置如图 3-9 所示。在 50 mL 圆底烧瓶中加入 11 mL 乙酸乙酯和 1 g 新切成小薄片的金属钠，迅速装上冷凝管，并在其顶端装一个氯化钙干燥管。反应随即开始，并有氢气泡逸出。如反应很慢时，可稍加温热。待激烈的反应过后，置反应瓶于电热套上慢慢加热，保持微沸状态，直至所有金属钠全部作用完为止（反应需 1~1.5 h）。此时生成的乙酰乙酸乙酯钠盐为橘红色透明溶液，有时析出黄白色沉淀。待反应物稍冷，趁温热时边振荡边滴加 50% 乙酸溶液至弱酸性，

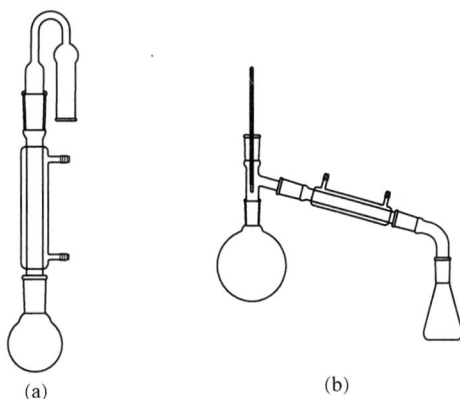

图 3-9　乙酰乙酸乙酯的制备和蒸馏装置
（a）回流装置　（b）常压蒸馏装置

约需 6 mL 50%乙酸溶液，用 pH 试纸检验，一般要等所有金属钠反应完毕后再加入 50%乙酸溶液，但很少量未反应的钠并不妨碍进一步操作)。此时，所有的固体物质均已溶解(如有少量固体未溶解时可加少许水使之溶解，但应避免加入过量的乙酸，否则会增加乙酰乙酸乙酯在水中的溶解度而降低收率)。

2. 盐析和干燥

将混合液移入分液漏斗，用等体积的饱和氯化钠溶液洗涤。转入干燥的锥形瓶，用 1 g 无水硫酸钠干燥 30 min。

3. 蒸馏和减压蒸馏

将干燥后的粗酯滤入干燥的圆底烧瓶(干燥剂不能加入，加 2 粒沸石)。先在沸水浴上蒸去未作用的乙酸乙酯[图 3-9(b)]，然后将剩余液移入 25 mL 圆底烧瓶中，用减压蒸馏装置进行减压蒸馏。减压蒸馏时须缓慢加热，待残留的低沸点物质蒸出后，再升高温度，收集乙酰乙酸乙酯。

纯乙酰乙酸乙酯的沸点 180.4℃，折光率 n_D^{20} 1.4192。

(五)思考题

1. 什么是克莱森酯缩合反应中的催化剂？本实验为什么可以用金属钠代替？为什么计算产率时要以金属钠为基准？

2. 本实验中加入 50% 乙酸溶液和饱和氯化钠溶液有何作用？

3. 如何实验证明常温下得到的乙酰乙酸乙酯是两种互变异构体的平衡混合物？

4. 为什么用乙酸酸化，而不用稀盐酸或稀硫酸酸化？为什么要调到弱酸性，而不是中性？

5. 加入饱和氯化钠溶液的目的是什么？

6. 乙酰乙酸乙酯沸点并不高，为什么要用减压蒸馏的方式？

(六)注意事项

1. 仪器干燥，严格无水。金属钠遇水即燃烧爆炸，故使用时应严格防止钠接触水或皮肤。钠的称量和切片要快，以免氧化或被空气中的水侵蚀。多余的钠片应及时放入无水乙醇中处理掉。

2. 本实验为无水操作，在加入乙酸前反应体系应绝对无水。

3. 填充干燥管中的干燥剂时，不宜压得过于紧密，以免造成堵塞，使系统产生的气体无法及时排出，导致爆炸。

4. 若钠不慎与水接触而着火，切勿倒水槽，应用干毛巾遮挡灭火，严重时应使用灭火器。

5. 反应完毕后得到的橘红色透明液体中可能有黄色固体，即为去水乙酸。

6. 向反应体系中加入乙酸时要注意若瓶内仍有钠存在，开始几滴必须小心从冷凝管上方加入，可能有火苗出现，无大碍，之后便可较快加入。

7. 打开真空泵前应先打开缓冲瓶上的旋塞。待开泵后再逐渐关闭缓冲瓶上的旋塞，使真空泵开始抽真空。

　　8. 减压蒸馏的过程中应密切观察并随时记录时间、压力、蒸馏的沸点、浴液温度、馏出液速度等数据。

实验 17　溴苯的制备

(一) 实验目的

1. 学习合成溴苯的原理和方法。
2. 进一步掌握蒸馏、回流及气体吸收装置。

(二) 实验原理

　　芳香族的卤代物的制备，常用单质溴或氯在金属铁或氯化铁催化作用下，发生亲电取代反应，将卤素引入苯环中。实验室中制备溴苯，其主要反应为：

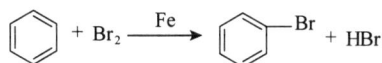

　　反应过程中的副反应：

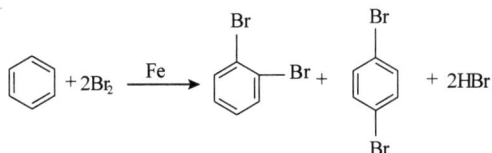

(三) 仪器与试剂

　　仪器：圆底烧瓶、回流冷凝管、气体吸收装置、滴液漏斗、锥形瓶、尾接管、温度计、分液漏斗等。

　　试剂：液溴、苯、铁粉、乙醇、无水氯化钙、5%氢氧化钠溶液等。

(四) 实验步骤

　　溴苯的制备和蒸馏装置如图 3-10 所示。在 50 mL 圆底烧瓶上，用二口接管分别安装回流冷凝管和滴液漏斗，冷凝管上口接一气体吸收装置，用 5%氢氧化钠溶液作吸收剂。

　　在圆底烧瓶中加入 6.9 mL 无水苯、0.15 g 铁粉和磁力搅拌子，在滴液漏斗中加入 4.5 mL 液溴，并先滴入 3~5 滴液溴，反应片刻后，启动磁力搅拌器。缓慢滴加液溴，滴加速度以保持烧瓶内液体呈微沸状态。滴加结束后，将烧瓶置于 70~80℃的水浴中加热 30 min，直至不再有溴化氢气体逸出，停止加热。

烧瓶内的混合物冷却至室温后，将其转移到分液漏斗中。加入 5 mL 水洗涤，产物再用 5 mL 5%氢氧化钠溶液洗涤，最后用 10 mL 水洗涤。洗涤后产物转入干燥的锥形瓶中，用 1~2 g 黄豆粒大小的无水氯化钙干燥，间歇摇动锥形瓶，直至液体清亮为止。

将干燥好的产物过滤到蒸馏装置中，先用水浴加热，蒸出未反应的低沸点的苯，再用加热套加热，进行第二次蒸馏，收集 140~160℃的馏分。

纯正溴苯烷的沸点 156℃，折光率 n_D^{20} 1.5597。

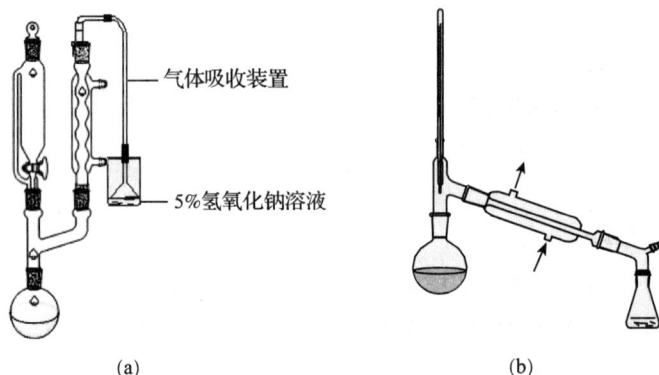

图 3-10　溴苯的制备和蒸馏装置
（a）制备装置　（b）蒸馏装置

（五）注意事项
1. 本实验所用的试剂和仪器必须干燥。
2. 严格控制滴加液溴的速度，如过快，会造成沸腾剧烈，副反应增多。

（六）思考题
1. 本实验中几次用到氢氧化钠溶液，它的作用分别是什么？
2. 制备溴苯的反应中，哪种反应物过量？为什么？
3. 本实验中几次水洗产物的目的分别是什么？

实验 18　肉桂醇的制备

（一）实验目的
1. 学习用硼氢化钠作为还原剂制备肉桂醇的方法。

2. 练习回流、萃取和重结晶等基本操作。

(二)实验原理

肉桂醇分子式为 $C_9H_{10}O$，分子结构中有苯环、碳碳双键和碳氧双键，有顺式和反式两种异构体，结构式为：

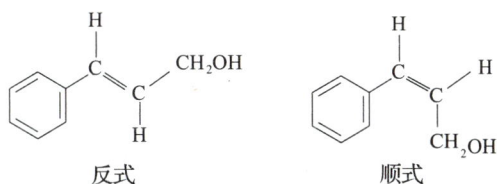

反式   顺式

反式肉桂醇为无色或微黄色长型针状晶体，顺式肉桂醇为无色液体，有特殊的香味。溶于乙醇、丙二醇等有机溶剂中，难溶于水和石油醚，不溶于甘油和非挥发性油。主要用于配制杏、桃、树莓、李等香型香精、化妆品香精和皂用香精，也应用于有机合成中间体。

肉桂醇的制备，可采用选择性高的还原剂，如金属氢化物 $LiAlH_4$（氢化铝锂），$NaBH_4$（硼氢化钠）和醇铝 $Al[OCH(CH_3)_2]_3$（异丙醇铝），$Al[OC(CH_3)_3]_3$（叔丁醇铝）等，还原天然产物肉桂醛来制得。这些还原剂均能使肉桂醛中的碳氧双键还原成醇，而不影响共存的碳碳双键。$LiAlH_4$ 是活性很强的还原剂，而 $NaBH_4$ 和异丙醇铝是较温和的还原剂，$NaBH_4$ 是实验室还原醛酮常用的还原剂，因此本实验的反应方程式如下：

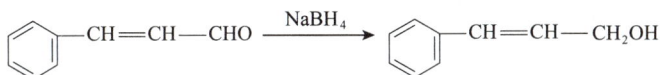

由于肉桂醛(反-3-苯基丙烯醛)是反式结构，所以本实验制得的肉桂醇也为反式结构。

(三)仪器与试剂

仪器：圆底烧瓶、磁力加热搅拌器、锥形瓶、尾接管、温度计、分液漏斗等。
试剂：肉桂醛、硼氢化钠、0.2 mol/L 氢氧化钠-甲醇溶液、甲醇、乙醚、石油醚等。

(四)实验步骤

在 50 mL 圆底烧瓶上安装回流冷凝管，烧瓶内加入 5 g 肉桂醛和 1 g 硼氢化钠，量取 0.2 mol/L 氢氧化钠-甲醇溶液倒入烧瓶中，并放入一个磁力搅拌子。启动磁力加热搅拌器，用 60℃ 水浴或油浴加热搅拌回流 30 min。停止加热，冷却至室温后烧瓶内加入 10 mL 水并摇匀。混合物转移到分液漏斗中，每次用 20 mL 乙醚萃取 2 次，并收集合并乙醚萃取液，合并的萃取液再用 10 mL 水洗涤一次。

将醚层转移到蒸馏装置中，用水浴加热，蒸去萃取剂乙醚，烧瓶内得到黄色油状物。粗产物用石油醚重结晶，可得到微黄色针状肉桂醇晶体。肉桂醇的熔点 31~35℃。实验结束后用傅立叶红外光谱仪测量肉桂醇和肉桂醛的红外光谱，对比二者主要普峰的差异并分析原因。

（五）思考题

1. 本实验能否采用钯、铂、镍等作催化剂，在加热和加压下进行加氢反应制备肉桂醇？为什么？

2. 将反应中的硼氢化钠直接换成氢化铝锂是否可以？为什么？

实验 19　环己烯的制备

（一）实验目的

1. 掌握由醇制备烯烃的方法，学习简单蒸馏操作。

2. 巩固分液、液体干燥和普通蒸馏等操作。

（二）实验原理

在酸催化下，由醇经过碳正离子中间体的单分子消去反应，是实验室里制备烯烃最常用的方法。醇的脱水反应难易程度随着醇结构的不同而不同，一般反应速率大小为：叔醇>仲醇>伯醇，这决定于反应中间体碳正离子的稳定性：3°>2°>1°。叔醇在较低的温度下即可脱水生成烯烃。由于整个反应是可逆的，为了促使反应的完成，一般应及时地把生成的烯烃蒸出，这样还可避免烯烃的聚合和醇分子间脱水等副反应的发生。当醇羟基邻近的碳上有两种 β-氢时，可能生成两种不同的烯烃，一般趋向于生成更稳定的多取代烯烃。常用的酸催化剂有硫酸、磷酸、五氧化二磷等。本实验是在硫酸催化下，由环己醇制备环己烯。反应式如下：

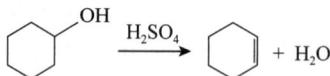

（三）仪器与试剂

仪器：圆底烧瓶、分馏柱、直形冷凝管、温度计、分液漏斗、小锥形瓶等。

试剂：环己醇、浓硫酸、85%磷酸、无水氯化钙、5%碳酸钠溶液、饱和氯化钠溶液等。

（四）实验步骤

1. 环己烯粗品制备

环己烯制备的装置如图 3-11 所示。

方法一：

在 50 mL 干燥的圆底烧瓶中加入 10 g（10.4 mL）环己醇、1 mL 浓硫酸和几粒沸石，充分振荡，使之混合均匀。烧瓶上装一个短的分馏柱，接上冷凝管，接收瓶浸在冷水中冷却。将烧瓶在石棉网上用小火缓缓加热至沸，控制分馏柱顶部的馏出温度不超过 90℃，馏出液为带水的混浊液。当小火加热至无液体蒸出时，可把火加大，至烧瓶中只剩下很少量残液并出现阵阵白雾时，停止蒸馏。全部蒸馏时间约需 45 min。

图 3-11　环己烯制备的装置

方法二：

在 100 mL 干燥的圆底烧瓶中加入 20 g 环己醇、8 mL 85％磷酸和几粒沸石，充分振荡，使之混合均匀。烧瓶上装一个短的分馏柱，其支管连接一直形冷凝管，用 25 mL 圆底烧瓶作为接收器，置于冷水浴中冷却。用小火徐徐升温，使混合物沸腾，慢慢地蒸出含水的混浊状液体，注意控制分馏柱顶部的馏出温度不超过 90℃。当小火加热无液体蒸出时，可把火加大，至烧瓶中只剩下很少量残液并出现阵阵白雾时，停止蒸馏。

2. 精制纯化

方法一：

馏出液用氯化钠饱和，然后加 3~5 mL 5％碳酸钠溶液中和微量的酸。将液体转入分液漏斗中，振荡后静置分层，分层有机相，用 1~2 g 无水氯化钙干燥。待溶液清亮透明后，滤入蒸馏瓶中，加入几粒沸石后用水浴蒸馏，收集 80~85℃的馏分于一个已称重的小锥形瓶中。若蒸出产物混浊，必须重新干燥后再蒸馏。产量为 5~6 g。

方法二：

将馏出液移入分液漏斗中，静置分层，分离出下层水层。有机相中再加入等体积（约 5 mL）饱和氯化钠溶液，3~5 mL 5％碳酸钠溶液中和微量的酸。将液体转入分液漏斗中，振荡后静置分层，分出有机相，用 1~2 g 块状无水氯化钙干燥。待溶液清亮透明后，滤入蒸馏瓶中，加入几粒沸石后用水浴蒸馏，收集 80~85℃的馏分于一个已称重的小锥形瓶中。若蒸出产物混浊，必须重新干燥后再蒸馏。产量为 5~6 g。

环己烯纯品的沸点 82.98℃，折光率 n_D^{20} 1.446 5。

（五）注意事项

1. 环己醇黏度较大，尤其室温低时，量筒内的环己醇很难倒净，会影响产率。

2. 磷酸有一定的氧化性，加完磷酸要摇匀后再加热，否则反应物会被氧化。

3. 反应终点的判断可参考以下现象：反应进行 40 min 左右，反应烧瓶中出现白雾；柱顶温度下降后又升到 85℃以上。

4. 粗产品干燥后再蒸馏，蒸馏装置要干燥，否则前馏分（环己烯-水共沸物）增多，产率下降。

(六)思考题

1. 粗产品中加入氯化钠,使水层饱和的目的是什么?

2. 在对产物进行后续处理时加入无水氯化钙的目的是什么?如果干燥不彻底,会有什么后果?

3. 试比较两种制备方法的优缺点。

实验 20　香豆素-3-羧酸的制备

(一)实验目的

1. 学习利用脑文格(Knoevenagel)缩合反应制备香豆素的原理和实验方法。

2. 了解酯水解法制备羧酸。

(二)实验原理

本实验以水杨醛和丙二酸二乙酯在六氢吡啶存在下发生脑文格缩合反应制得香豆素-3-羧酸酯,然后在碱性条件下水解并酸化制成香豆素-3-羧酸。

反应方程式为:

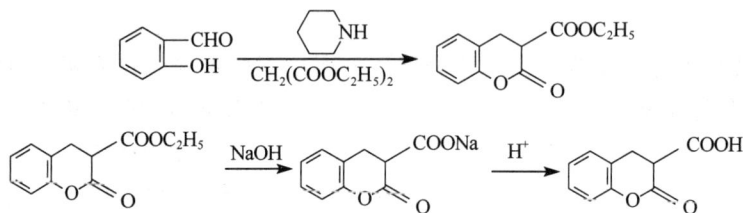

(三)仪器与试剂

仪器:圆底烧瓶、直形冷凝管、干燥管、小量筒和滴管等。

试剂:水杨醛、丙二酸二乙酯、无水乙醇、六氢吡啶、冰醋酸、氢氧化钠、95%乙醇、浓盐酸等。

(四)实验步骤

1. 香豆素-3-羧酸乙酯的制备

香豆素-3-羧酸乙酯的制备装置如图 3-12 所示。在 50 mL 圆底烧瓶中依次加入 1.7 mL 水杨醛、2.8 mL 丙二酸二乙酯、10 mL 无水乙醇、0.2 L 六氢吡啶和一滴冰醋酸,装上配有无水氯化钙干燥管的冷凝管后,在无水条件下搅拌回流 2 h,待反应物稍冷后拿掉干燥管，从冷凝管顶端加入约 12 mL 冷水，待结晶析出后(可用冰水多冷却一会儿，让结晶全部析出)，抽滤并用 2 mL 被冰水冷却过的 50%乙醇洗 2 次，得到的白色晶体为香豆素-3-甲酸乙酯的粗品，干燥后产量为 2.5~3.0 g，熔点 91~92℃。可用 25%乙醇重结晶，纯的香豆素-3-羧酸乙酯，熔点 93℃。

2. 香豆素-3-羧酸的制备

香豆素-3-羧酸的制备装置如图 3-13 所示。在 50 mL 圆底烧瓶中，加入 5 mL 水和 1.5 g 氢氧化钠(注意氢氧化钠不要粘到瓶口)，碱液冷却至室温，加入 10 mL 95%乙醇，在水浴中稍稍加热，慢慢溶入 2 g 用上述方法制得的香豆素-3-羧酸乙酯，待酯溶解完全后，再用电热套加热回流约 15 min(小心慢慢加热，温度不能过高)。趁热将反应产物倒入 5 mL 浓盐酸和 25 mL 水的混合物中，立即有白色结晶析出，冰浴冷却后减压过滤，用少量冰水洗涤晶体，干燥后的粗品约 1.5 g，可用水重结晶，熔点 190℃。

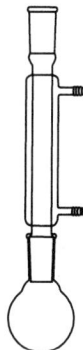

图 3-12 香豆素-3-羧酸乙酯的制备装置   图 3-13 香豆素-3-羧酸的制备装置

(五)注意事项

1. 实验中除加入六氢吡啶外，还要加入少量冰醋酸，反应很可能是水杨醛先与六氢吡啶在酸催化下形成亚胺化合物，然后与丙二酸二乙酯的负离子反应。

2. 用冰过的 50%乙醇洗涤可以减少酯在乙醇中的溶解。

3. 缩合反应的反应时间比较重要，时间过短，反应不完全，但时间过长，反应副产物增多，也影响酯的收率，且增加了后处理的难度。

4. 反应温度控制在 70℃附近，乙醇的沸点 78℃，超过 70℃会大大增加无水乙醇的挥发程度，增加副反应的发生。

5. 加入冰醋酸的目的：仅用六氢吡啶，不足以使反应发生，无法得到目标产物，当反应体系中加入一滴冰醋酸，反应即可在较低温度下进行，且缩短反应时间至 2 h。

(六)思考题

试写出用水杨醛制香豆素-3-羧酸的反应机理。

第4章 有机化合物的性质

实验 21 烃及卤代烃的性质

(一)实验目的

通过实验掌握烃及卤代烃的性质,比较和了解不同的烃基结构和不同的卤原子对卤代烃反应速度的影响。

(二)实验原理

烷烃分子中含 C—H 键与 C—C 键,是饱和的碳氢化合物,一般条件下不与强酸、强碱、强氧化剂作用,在特殊条件下(高温及催化剂)可发生取代反应。

烯烃与炔烃分子含有 C=C 和 C≡C 键,是不饱和碳氢化合物,易发生加成反应和氧化反应。R—C≡C—H 型的炔烃,因其含有活泼氢,可和一价银离子或亚铜离子生成灰白色的炔化银或砖红色炔化亚铜沉淀。

芳香烃分子结构具有封闭的共轭体系,性质稳定,通常不发生加成反应,但容易发生取代反应。在通常的氧化条件下,苯环一般是稳定的,但苯的同系物容易被氧化,且氧化总是发生在侧链上。亲核取代反应是卤代烃的主要化学性质。在 S_N1 反应中,卤代烃的化学活泼性次序是: $R_3C—X > R_2CH—X > RCH_2—X > CH_3—X$,而 S_N2 反应中,各类卤代烃的化学活性次序正好相反。

卤代烃上取代基的性质,也影响其化学反应活性次序。在相同的结构中,不同的卤素表现出不同的活泼性,它们的活性次序是: $R—I > R—Br > R—Cl$,卤代烃取代反应的生成物之一是 X^-,若体系中存在 Ag^+ 时,则可生成白色或淡黄色的卤化银沉淀。

(三)仪器与试剂

仪器:试管、滴液漏斗等。

试剂:石油醚、汽油、溴的四氯化碳溶液(1%、3%)、5%碳酸钠溶液、0.5%高锰酸钾溶液、碳化钙、氯化汞的盐酸溶液、饱和氯化钠溶液、酸性硝酸银溶液(3%、5%)、苯、甲苯、铁粉、浓硫酸、6 mol/L 硫酸、饱和硝酸银乙醇溶液、1-氯丁烷、2-氯丁烷、2-甲基-2-氯丙烷、1-溴丁烷、1-碘丁烷、5%氢氧化钠溶液、5%硝酸银溶液、氯仿、硝酸(3 mol/L、6 mol/L)等。

（四）实验步骤

1. 烃的性质

（1）与溴的作用。取 2 支试管，各装入石油醚（或液体石蜡）1 mL，再取一支试管装入汽油 1 mL，分别加入 5 滴 1%溴的四氯化碳溶液，边加边振荡，试管口放一湿润蓝色石蕊试纸，并观察液层颜色，二者有什么不同？为什么？将装石油醚的 2 支试管，一支放黑暗处，另一支放日光下，20 min 后观察 2 支试管反应有什么不同？

（2）与高锰酸钾溶液的作用。取石油醚（或液体石蜡）、汽油各 1 mL，分别放在 2 支试管中，各加入等体积的 5%碳酸钠溶液，然后加入 0.5%高锰酸钾溶液 1~2 滴，振荡，观察溶液的颜色，比较二者有什么不同？为什么？

（3）乙炔的制备及其性质（示范）。在干燥的吸滤管中放 3~4 小块碳化钙，在管口的塞子上装一个分液漏斗，侧管用一根橡皮管与导管相接（如欲除去杂质，可将导管通入盛有氯化汞的盐酸溶液的吸滤管中，此吸滤管的侧管再用橡皮管与导管相接。本实验省去此步骤）。全部装置如图 4-1 所示。

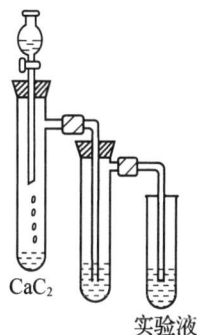

CaC₂　　　实验液

**图 4-1　制取乙炔
装置图**

分液漏斗内装 5 mL 饱和氯化钠溶液，打开分液漏斗的活塞，使氯化钠溶液逐滴滴入吸滤管中，即有乙炔气体生成。

将乙炔气体依次分别通入下列有关试剂中，进行性质实验（必须把下列有关试剂完全准备好后，再制备乙炔）。

①产生的乙炔气由导管通入事先准备好的 1 mL 1%溴的四氯化碳溶液中，观察溴的颜色变化。

②冲洗净导管口后再将乙炔气通入 1 mL 0.5%高锰酸钾溶液中，观察结果。

③在导管口用火点燃乙炔气，观察燃烧火焰，用盛有冷水的试管，套在导管口熄灭火焰。

④乙炔气再通入装有 2 mL 硝酸银的氨溶液的试管中（硝酸银的氨溶液可在 1 mL 5%硝酸银溶液中滴加氨水直至生成的沉淀恰好溶解时为止），观察析出的沉淀。静置，倾弃上层清液，在沉淀中加入 6 mol/L 硝酸 1 mL，加热使乙炔银分解。

乙炔气不发生时应立即从试剂中取出导管，以免试剂倒吸入乙炔发生装置。

（4）芳烃卤代反应。

①在 2 支干燥试管中加入 10 滴苯和甲苯，再各取 2 滴 3%溴的四氯化碳溶液，摇动试管，各加少量的铁粉，摇动观察现象。若无现象，可在水浴中加热，再观察现象，并比较反应速度。

②在 2 支干燥试管中分别加入苯和甲苯 1 mL 和 10 滴 1%溴的四氯化碳溶液，剧烈振荡，试管口里放一蓝色石蕊试纸并用塞子塞紧，在强光下放数分钟，观察苯和甲苯与溴作用有何不同？

（5）取 1.5 mL 浓硝酸于试管中，缓缓地加入 2 mL 浓硫酸，小心用力振荡混合，配成混酸。待此混酸冷却后，逐滴加入 1 mL 苯，边滴边振荡，加完苯后继续振荡 5 min，然后将混合液在 60℃左右的水浴中加热 20 min，加热时不时振荡，然后倾入盛有 15 mL

水的小烧杯中，搅拌后静置，观察生成物的颜色、相对密度和气味。

(6)芳烃的氧化作用。取 0.5%高锰酸钾溶液和 6 mol/L 硫酸各 10 滴，混合后用水稀释至 5 mL，平均分装在 2 支试管中，分别加入苯、甲苯各 5 滴，用力振荡后，在水浴中稍稍加热，观察颜色变化。比较苯与甲苯有什么不同？可得出什么结论？

2. 卤代烃的性质

(1)与硝酸银的反应。在各盛有 1 mL 饱和硝酸银乙醇溶液的 3 支试管中，分别加入 2 滴 1-氯丁烷、2-氯丁烷、2-甲基-2-氯丙烷，摇动试管，观察有什么现象？若 5 min 后仍无沉淀出现，加热煮沸，冷却后观察现象。比较其反应活性。

(2)与稀碱溶液的反应。在 3 支干净的试管中，各加入 0.5 mL 1-氯丁烷、1-溴丁烷、2-甲基-2-氯丙烷，然后分别加入 1 mL 5%氢氧化钠溶液。振荡、静置。小心取水层溶液数滴，加入几滴稀 HNO₃ 酸化，再用 2%的硝酸银溶液检验有无沉淀出现。比较反应活性。

用 1-氯丁烷、1-溴丁烷、1-碘丁烷重复上述实验，比较反应活性。

(3)氯仿的水解。在试管中加入 3 滴氯仿和 3 mL 5%氢氧化钠溶液，小火加热几分钟。并摇动试管。溶液沸腾后停止加热。冷却至室温，将此溶液分装于 3 支洁净的试管中。

在第一支试管中滴加 3 mol/L 硝酸使呈中性或弱酸性，然后加入几滴 5%硝酸银溶液，观察现象并对之做出解释。在第二支试管中加入刚配制的试剂，观察有无银镜出现并解释现象。在第三支试管中加入 2 滴 0.5%高锰酸钾溶液，观察现象，并解释氯仿的水解。

(五)注意事项

1. 溴化氢不溶于四氯化碳，它在空气中有白色烟雾，能使湿的蓝色石蕊试纸变红。依此现象可与不饱和烃的加成反应相区别。

2. 溴化苄有催泪作用，故此反应产物不可随便乱倒，必须倒入盛有水的废液缸中。

3. 反应温度可能生成二硝基苯的副产物。

在本实验的条件下，生成黄色油状液体，比水重，沉于烧杯底部，具有杏仁气味。如反应不完全，则有残余苯留在硝基苯中，当倾入水中后，油状物浮于水面，如用玻璃棒搅拌后，还未见沉底，则要重做。如温度过高，反应剧烈，则生成二硝基化合物，呈黄色固体沉于烧杯底部。

4. 有时盛苯的试管中也有变色现象，原因是温度过高或加热时间过长，造成高锰酸钾分解。

(六)思考题

1. 烃的卤代反应为什么不用溴，而用溴的四氯化碳溶液？

2. 甲苯的卤代、氧化、硝化为什么比苯容易进行？

3. 卤代烃的水解反应为什么要在碱性条件下进行？

实验 22 醇、酚、醚的性质

(一)实验目的

通过实验进一步认识醇、酚、醚的一般性质,并比较它们在化学性质上的区别。

(二)实验原理

醇、酚、醚都是烃的含氧衍生物。由于氧原子所连的基团(原子)不同而具有不同的化学性质。

有机物在水及有机溶剂中的溶解度受结构中的极性基团、非极性基团等因素影响。一条经验规律是"结构相似者互溶"。

醇类化合物含有羟基,可与金属钠、氢卤酸、有机酸及氧化剂等作用,生成醇钠、卤代烃、酯及氧化成醛、酮、羧酸等。

卢卡斯试剂与伯醇、仲醇、叔醇的反应速度不同,可用于鉴别各种醇。

多元醇与铜离子作用生成深蓝色,而一元醇不能,这也是重要鉴别反应之一。

酚具有弱酸性,其酸性比碳酸弱。

各种酚与氯化铁作用,生成络合物,可用于酚的鉴别,苯酚与溴水作用生成三溴苯酚的白色沉淀。酚可氧化成醌。

(三)仪器与试剂

仪器:试管、表面皿等。

试剂:乙醇、异戊醇、甘油、石油醚、苯酚、苯三酚、苯、无水乙醇、金属钠、酚酞、正丁醇、叔丁醇、仲丁醇、卢卡斯试剂、5%高锰酸钾溶液、5%碳酸铜溶液、5%硫酸铜溶液、5%氢氧化钠溶液、饱和甘露醇溶液、饱和 1,4-环己二醇溶液、硝酸铈铵试剂、10%乙二醇溶液、10% 1,3-丙二醇溶液、10%甘油溶液、10%甘露醇溶液、高碘酸、饱和亚硫酸钠溶液、希夫试剂、饱和苯酚溶液、1%苦味酸溶液、苯酚、对苯二酚、间苯二酚、1,2,3-苯三酚、α-萘酚、β-萘酚、15%硫酸溶液、饱和碳酸钠溶液、饱和苦味酸溶液、6 mol/L 硫酸溶液、5%氢氧化钠溶液、1%氯化铁溶液、饱和溴水溶液、0.2 mol/L 硝酸溶液、1%苯酚溶液、1%邻苯二酚溶液、1% 1,2,3-苯三酚溶液、浓硫酸、浓盐酸等。

(四)实验步骤

1. 醇的性质

(1)醇、酚的溶解性。

①取乙醇、异戊醇、甘油各 5 滴,分别放在 3 支试管中,各加入 1 mL 水,用力振

荡后，观察溶解性。用干燥试管取石油醚代替水重复试验，观察溶解情况。

②取等量的苯酚、苯三酚结晶 5~10 小粒，分别放在 2 支试管中，各加 1 mL 水，用力振荡。观察溶解性。在沸水中加热后冷却，注意所起变化。用干燥试管取苯作溶剂代替水重复实验，观察溶解情况。

（2）醇钠的生成及水解。在一干燥试管中装入 1 mL 无水乙醇，并放入一小粒切除了表面氧化膜的金属钠，待反应完毕后，取几滴试液放在表面皿上蒸干，残留的固体即是醇钠。在醇钠上滴几滴水，再加一滴酚酞指示剂，观察现象。若金属钠尚未反应完，用镊子将其取出放在乙醇中。

（3）卢卡斯试验。取 5 滴正丁醇、5 滴叔丁醇和 2 滴仲丁醇分别滴于 3 支干燥试管中，各加入 10 滴卢卡斯试剂，立即加以振荡，静置，观察 3 种醇的变化，并比较反应速度的快慢。

（4）醇的氧化。取 3 支试管，各加入 5 滴 0.5%高锰酸钾溶液和 5 滴 5%碳酸钠溶液，然后在每支试管里分别加入正丁醇、仲丁醇和叔丁醇各 5 滴。振荡试管，观察混合液的颜色有何变化。

（5）多元醇与氢氧化铜的反应。在试管中加入 5%硫酸铜溶液 0.5 mL，滴加 5%氢氧化钠溶液至氢氧化铜沉淀完全析出，振荡混合，分成 2 份于 2 支试管中。一支试管中滴加甘油，另一支试管中滴加 5 滴乙醇，振荡后观察结果，并加以对比。

（6）硝酸铈铵试验。取 4 支试管，分别加入 5 滴 95%乙醇、甘油、饱和甘露醇溶液和饱和 1,4-己二醇溶液。然后各加 2 滴硝酸铈铵试剂，摇动试管，观察溶液颜色变化。

（7）高碘酸试验。高碘酸可用于鉴别邻羟基多元醇。

①取 4 支试管，分别加入 10%乙二醇溶液、10%甘油溶液、10%1,3-丙二醇溶液、10%甘露醇溶液各 3 滴，然后在每支试管里各加入 3~4 滴饱和亚硫酸钠溶液以还原过量的高碘酸，最后，再各加入希夫试剂。将混合物静置数分钟后，观察混合液的颜色变化。

②取 4 支试管，分别加入 10%乙二醇溶液、10%1,3-丙二醇溶液、10%甘油溶液、10%甘露醇溶液各 1 滴。然后在每支试管里各加 1 滴高碘酸–硝酸银试剂，注意每支试管滴加后的变化。

2. 酚的性质

（1）酚类的酸性。

①取饱和苯酚溶液和 1%苦味酸溶液各 1 滴，滴在 pH 试纸上，比较它们酸性的强弱。

②取 6 支试管，贴上标签，分别加入 0.1 g 苯酚、对苯二酚、间苯二酚、1,2,3-苯三酚、α-萘酚、β-萘酚，再各加 4 mL 水，摇动试管，观察酚的溶解情况。将不溶者加热煮沸，然后冷却观察变化。分别取 1 滴所制得的溶液滴在蓝色石蕊试纸上，观察现象。

③取 2 支试管，分别加入 0.3 g 苯酚，再各加 1 mL 水，摇动试管，然后在 2 支试管里滴加 5%氢氧化钠溶液至酚全部溶解。将制得的清亮溶液用 15%硫酸溶液酸化，观察现象。

④取 2 支试管，各加 0.3 g 苯酚(或 α-萘酚)。在一支试管里加入 1~2 mL 5%碳酸钠溶液，在另一支试管里加入同体积的饱和碳酸氢钠溶液，摇动试管，比较 2 支试管中的现象有何不同，说明原因。

⑤取 2 支试管，各加入 5 滴饱和 α-萘酚溶液和 β-萘酚溶液，再各加入 5 滴饱和苦味酸溶液，观察现象。

(2)酚钠的生成和分解。取苯酚结晶 2 小粒(豆粒大小)，加入盛有 1 mL 饱和苯酚溶液的试管中，不断振荡下滴入 5%氢氧化钠溶液直至苯酚结晶完全溶解为止。然后，向清亮的溶液中滴加 6 mol/L 硫酸溶液，观察现象。

(3)酚类与氯化铁的反应。取 1%苯酚溶液、1%邻苯二酚溶液、1%1,2,3-苯三酚溶液各 0.5 mL，分别放在 3 支试管中，然后各滴加 2~3 滴 1%氯化铁溶液，观察颜色的变化。

(4)酚的溴代反应。取 1 mL 苯酚溶液放在试管中，滴加等体积饱和溴水溶液，观察变化。

(5)酚的氧化反应。在白瓷板上，各滴加 1 滴 1%邻苯二酚溶液、1%间苯二酚溶液、1%对苯二酚溶液、1% 1,2,3-苯三酚溶液，然后迅速向每种酚液各加 1 滴 0.2 mol/L 硝酸溶液。注意观察各种酚的变化，并比较反应速度。

3. 醚的性质(鲜盐的形成)

在 2 支干燥试管中分别加入 2 mL 浓硫酸和 2 mL 浓盐酸，将试管放在冰水中冷却至 0℃，然后加入 1 mL 冷的乙醚(注意分次加入并振荡和冷却)，得到均相无乙醚味的溶液。将 2 支试管中的溶液分别倒入盛有 5 mL 冰水的试管中，并摇动试管，小心滴入几滴 1%氢氧化钠溶液中和溶液中的酸，观察乙醚层是否增加。

向指导教师领取未知物，可能是乙醇、甘露醇、苯酚溶液、汽油或石油醚，试用化学方法鉴定。

(五)注意事项

1. 醇的溶解性实验中因为所用的醇都是无色液体，需要仔细观察不相溶两相之间的界面。

2. 从煤油中取出金属钠，用滤纸擦去钠块上的煤油，用刀片切去氧化表面，切取绿豆粒大小一块金属钠进行实验，切下的金属钠氧化表面不可乱放，一定放回金属钠瓶中，反应完毕后残留金属钠用镊子取出，放回钠瓶中，未取出残存金属钠之前切不可加水，这样会引起爆炸，是非常危险的。

3. 卢卡斯试剂只适用于鉴别低级的(含 C_3~C_6 的伯、仲、叔)醇，不适用于鉴别 C_6 以上的醇。

4. 用硝酸铈铵试剂检验醇类化合物，通常只适用于 C_{10} 以下的醇类。反应后生成红色络离子。溶液颜色由黄色变为红色。

(六)思考题

1. 在卢卡斯实验中，水多了行不行？为什么？

2. 苯酚与苦味酸比较，哪个酸性强？为什么？
3. 为什么苯酚的溴代反应比苯和甲苯速度快？

实验 23　醛、酮的性质

（一）实验目的

通过实验，熟悉醛、酮的主要性质和它们之间的区别，掌握鉴别醛、酮的化学方法。

（二）实验原理

醛和酮称为羰基化合物，羰基的存在，使醛和酮能发生亲核加成反应及 α-氢的卤代反应。羰基化合物与苯肼或2,4-二硝基苯肼的亲核加成反应，生成黄色或橙红色的苯腙或2,4-二硝基苯腙的沉淀，该反应可作为检验醛、酮的定性实验。

醛和脂肪族甲基酮与亚硫酸氢钠的加成产物，溶于水而不溶于饱和亚硫酸氢钠溶液，以白色结晶沉淀析出。

具有 $CH_3\overset{O}{\overset{\|}{C}}$— 结构的醛、酮，以及能被氧化成这种结构的化合物都可以有碘仿反应。

具有 α-氢的醛、酮可发生羟醛缩合反应，无 α-氢的醛则可发生歧化反应。

醛很容易被氧化成含同数碳原子的羧酸，酮则很难被氧化。因此，可以用斐林试剂、班尼狄克试剂、托伦试剂等弱的氧化剂来区别醛和酮。

酮不与希夫试剂反应，醛与希夫试剂反应生成紫红色的产物，并且只有甲醛与希夫试剂的加成物溶液在加入浓硫酸后紫色不褪去。

（三）仪器与试剂

仪器：试管、玻璃棒、表面皿等。

试剂：乙醛、苯甲醛、丙酮、饱和亚硫酸氢钠溶液、2,4-二硝基苯肼溶液、甲醛、氨水、5%硫酸溶液、氢氧化钠溶液（10%、20%）、乙醇、碘–碘化钾溶液、10%氢氧化钾的乙醇溶液、希夫试剂、浓硫酸、5%硝酸银溶液、2%氢氧化氨溶液、斐林试剂甲（乙）、铬酸、异丙醇、叔丁醇、班尼狄克试剂等。

（四）实验步骤

1. 醛、酮的亲核加成反应

（1）与亚硫酸氢钠的反应。取乙醛、苯甲醛、丙酮各10滴，分别放在3支试管中，各加入 1 mL 饱和亚硫酸氢钠溶液，用力振荡后，静止片刻，观察现象，必要时加入乙醇 1~2 mL 并用玻璃棒摩擦试管内壁。

（2）与 2,4-二硝基苯肼的反应。取乙醛、丙酮各 2 滴，分别放在 2 支试管中，各加入 1 mL 2,4-二硝基苯肼溶液，用力振荡，静置片刻，观察现象（必要时用玻璃棒摩擦试管内壁）。

（3）六亚甲基四胺的生成及分解。

①取一个洁净的表面皿，在上面加 3 mL 甲醛溶液和 3 滴浓氨水，混合均匀。在通风橱里将混合液放在沸水浴上加热蒸干，得到白色晶体的六亚甲基四胺。

②取一支试管，加入 0.5 g 六亚甲基四胺和 5% 硫酸 1 mL，摇动试管并加热煮沸，闻一闻有何气味。稍加冷却，加入 20% 氢氧化钠溶液，使溶液呈碱性，再煮沸，同时在试管口放一片湿润的 pH 试纸，观察试纸颜色有何变化，闻一闻有何种气味。

2. α-氢的反应

（1）羟醛缩合反应。取 1 mL 10% 氢氧化钠溶液于试管中，加入 1 mL 乙醛，在酒精灯上慢慢加热至溶液沸腾，用手扇闻液体气味；继续加热，观察溶液颜色变化，直至树脂状物质生成。

（2）碘仿反应。取甲醛、乙醇、乙醛、丙醛各 2 滴，分装于 4 支试管中，在 60℃ 左右水浴中加热后，分别各加入碘-碘化钾溶液（碘溶解于碘化钾溶液中）0.5 mL，在振荡下慢慢滴加 10% 氢氧化钠溶液，直至碘的棕色近乎消失，观察现象并比较结果。

（3）坎尼扎罗反应。取 0.5 mL 苯甲醛于试管中，在振荡下滴加 0.5 mL 10% 氢氧化钾的乙醇溶液，加热后冷却，用玻璃棒摩擦试管内壁，观察现象。

3. 区别醛与酮的反应

（1）与希夫试剂的反应。在各装有 1 mL 希夫试剂的 3 支试管中，分别滴加 2 滴甲醛、乙醛、丙酮，摇动试管，观察有什么现象。

在出现紫红色的试管中各加入几滴浓硫酸，观察溶液颜色有什么变化。

（2）与托伦试剂的反应（银镜反应）。在一支洁净的试管中加入 4 mL 5% 硝酸银溶液，然后边振荡边逐滴加入 2% 氢氧化铵溶液，直至析出沉淀恰好溶解为止。然后平均分装在 4 支洁净试管中，分别加入甲醛、乙醛、乙醇、丙酮各 2 滴，振荡混匀后静置在水浴中加热 5 min，观察现象并比较结果。

（3）与斐林试剂的反应。取斐林试剂甲和乙各 2 mL 在试管中混匀。然后平均分装在 4 支试管中，分别加入甲醛、乙醛、苯甲醛、丙酮各 5 滴，振荡，加热煮沸。观察现象并比较结果。

（4）与铬酸的反应。取 5 支试管，各加入丙酮 0.5 mL，再各滴加铬酸试剂 2 滴，放置 2~3 min。再分别滴加乙醇、异丙醇、叔丁醇、乙醛、苯甲醛各 3 滴，观察颜色变化。

（5）与班尼狄克试剂的反应。取 4 支试管各加 1 mL 班尼狄克试剂，然后分别加 1 mL 甲醛、乙醛、苯甲醛和丙酮。边加边摇动试管。摇匀后，用沸水浴加热 5 min。观察现象。

（五）注意事项

1. 甲醛与氨缩合生成六亚甲基四氨，反应式为：

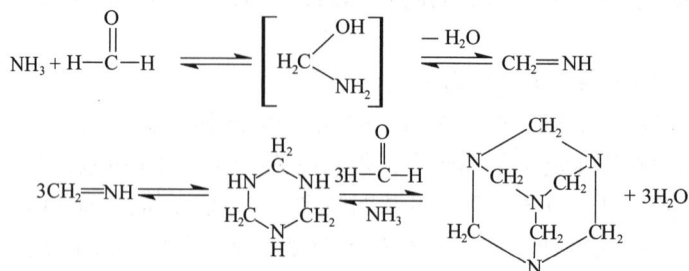

这种缩合是在亲核加成的基础上的脱水缩合。反应是可逆的，只有在不断蒸去水的情况下，才可得到六亚甲基四胺。

六亚甲基四胺与稀酸共热就被水解，反应式为：

$$(CH_2)_6N_4 + H_2SO_4 + H_2O \longrightarrow 6H_2C{=}O\uparrow + 2(NH_4)_2SO_4$$

2. 六亚甲基四胺生成实验的加热过程中有一部分甲醛和氨受热外逸，它们都是刺激性很大的气体，因此反应要在通风橱中进行。

3. 碘仿反应中，若溶液的浅黄色已褪完但又无沉淀析出，则应追加几滴碘–碘化钾溶液，再微热观察。

4. 碱类或呈碱性反应的样品不宜与希夫试剂作用，否则会使试剂失去二氧化硫（或亚硫酸）而再出现品红的颜色，引起判断错误。受热也会如此，因此实验时不能加热。

5. 弱氧化剂托伦试剂、斐林试剂及班尼狄克试剂笼统讲能氧化醛不能氧化酮，但这些试剂还是有区别的，如斐林试剂及班尼狄克试剂只能氧化脂肪族醛，而对芳香族醛就无影响，斐林试剂由甲、乙两部分组成，甲是硫酸铜溶液，乙是氢氧化钠和酒石酸钾钠溶液，用时将甲、乙两部分等体积混合即可。

6. 生成银镜的反应切勿放灯焰上直接加热，也不宜温热过久，因试剂受热会生成具有爆炸危险的雷银。若试管不够洁净，则不能生成银镜，仅出现黑色絮状沉淀。

7. 铬酸试剂的配制：25 g 铬酐（Cr_2O_3）加入 25 mL 浓硫酸中，搅拌成糊状，在搅拌情况下，小心将糊状物加入 75 mL 蒸馏水中即可。

丙酮中加入铬酸试剂，静置 2~3 min，如无反应，则证明丙酮不被铬酸氧化，本实验各试管中加入丙酮，既做了氧化反应的实验，又是各反应的溶剂。

伯醇、仲醇及脂肪族醛反应最快，芳香醛次之，酮及叔醇在同样条件下无明显反应。这是迅速区别醛和酮(也能区别醇)的方法。

（六）思考题

1. 在与亚硫酸氢钠的反应中，为什么要用新配制的饱和亚硫酸氢钠溶液？

2. 与托伦试剂反应后，有银镜的试管应怎样洗涤？

3. 碘液的配制为什么要加碘化钾？

实验 24　羧酸、取代酸及羧酸衍生物的性质

(一)实验目的
通过实验验证和掌握羧酸及其衍生物的性质。

(二)实验原理
羧酸具有酸性,比无机酸弱,但比碳酸强。取代酸的酸性因取代基电子效应的影响不同而不同。

草酸易脱羧生成甲酸,所以具有还原性,在分析上用来标定高锰酸钾等。

酰卤、酸酐、酯和酰胺可以发生水解、醇解和氨解,生成相应的羧酸、酯及酰胺。

(三)仪器与试剂
仪器:试管、玻璃棒等。

试剂:甲酸、乙酸、三氯乙酸、草酸、氢氧化钠溶液(5%、10%)、5%硝酸银溶液、石灰水、10%硫酸溶液、0.5%高锰酸钾溶液、10%草酸溶液、1%氯化铁溶液、饱和苯酚溶液、乳酸、酒石酸、柠檬酸、饱和水杨酸溶液、饱和溴水溶液、5%碘化钾溶液、苯、无水乙醇、浓硫酸、氯化钠、乙酰氯、乙酸酐、苯胺等。

(四)实验步骤
1. 羧酸的性质

(1)羧酸酸性强度的比较。取三片 pH 试纸,分别滴上 1 滴甲酸、乙酸和三氯乙酸,观察其颜色变化,估计其 pH 值并按照酸性强弱程度排成次序。

(2)刚果红试纸实验。取 3 支试管,分别加入 5 滴甲酸、5 滴冰醋酸和 0.5 g 草酸,再各加 2 mL 蒸馏水。摇动试管,然后分别用干净的玻璃棒蘸取酸液在刚果红试纸上画线。比较其线条的颜色深浅。

(3)甲酸根的形成与分解。取一支试管,加入 3 滴甲酸,用 1 mL 蒸馏水稀释,小心地滴加5%氢氧化钠溶液,中和至溶液刚好显中性或弱碱性(不断地用 pH 试纸检验)。然后加入 5 滴 5%硝酸银溶液,有何现象出现?再加热又有何变化?

2. 羧酸的脱羧与氧化

(1)草酸的脱羧。取一小勺(0.5~1 g)草酸放在带有导管的试管里,导管的末端,插入另一支盛有 1~2 mL 石灰水的试管中,将草酸加热,观察石灰水有何变化?待发生变化后,将导管从石灰水中取出。

(2)各种酸的氧化。装有导管的试管中,加入约 0.5 mL 甲酸、1 mL 1%稀硫酸和 2~3 mL 0.5%高锰酸钾溶液,振荡后观察现象。加入几粒沸石(以免加热过沸而冲出液体)后,装上导管,加热至沸腾,将导管末端插入盛有 1~2 mL 石灰水的试管中,观察

石灰水有何变化？另用 0.5%~10%草酸溶液和乙酸代替甲酸重复进行上述试验。

3. 取代酸的性质

（1）羟基酸与氯化铁反应。在 3 支试管中，各加入 5 滴 1%三氯化铁溶液和 3 滴饱和苯酚溶液，摇匀，观察颜色。然后在这 3 支试管中分别加入几滴乳酸、酒石酸、柠檬酸的稀溶液，观察溶液颜色有什么变化。

（2）酚酸与饱和溴水反应。在加入 5 滴饱和水杨酸溶液的试管中，逐滴滴加饱和溴水溶液，直至生成的沉淀由白色变成黄色为止，解释此现象。

将溶液加热煮沸 2 min，除去过量的溴，冷却后加入 5 滴 5%碘化钾溶液和 1 mL 苯，摇动试管，观察有何现象。

4. 羧酸衍生物的性质

（1）酯的生成。在一支干燥的试管中加入 1 mL 无水乙醇、1 mL 冰醋酸和 5 滴浓硫酸，摇匀后在 60~70℃的水浴中加热 10 min，冷却试管，加入 2 mL 水，观察是否有酯层析出，注意生成酯的香味。然后在各试管中分别加入 0.5 g 氯化钠，摇动，静置，观察酯层体积是否增加。

（2）水解反应。在盛有 1 mL 水的试管中，小心滴加 4~5 滴乙酰氯，振荡试管后，观察有何变化，是否有热量放出。反应结束后在溶液中滴加 2 滴 5%硝酸银溶液，观察现象。

用乙酸酐代替乙酰氯进行水解试验。必要时可微微加热。比较其反应活性。

（3）醇解反应。取 1 mL 无水乙醇于干燥试管中，逐滴滴加 8~10 滴乙酰氯，边加边振荡，并用冷水冷却。反应完毕后加入 1 mL 水，用 10%氢氧化钠溶液中和至碱性，直至石蕊试纸呈碱性反应时为止，观察液层并用手扇动闻气味，如果没有液层浮起，可向溶液中加入食盐（固体）至饱和，进行盐析，观察现象。

（4）氨解反应。取 5 滴苯胺于干燥的试管中，逐滴滴加 5 滴乙酰氯，边加边振荡，待反应停止后，加入约 2 mL 水，并用玻璃棒摩擦试管内壁，观察现象。

用乙酸酐代替乙酰氯，混合后用小火加热至沸，待冷却后加约 2 mL 水，并用玻璃棒摩擦试管内壁，观察现象。

（五）注意事项

1. 刚果红是一种指示剂，变色范围从 pH=5（红色）到 pH=3（蓝色）。刚果红与弱酸作用显蓝黑色，与强酸作用显稳定的蓝色。

2. 反应式如下：

$$HCOONa+AgNO_3 \longrightarrow HCOOAg \downarrow +NaNO_3$$
$$2HCOOAg \xrightarrow{\triangle} 2Ag+CO_2+H_2O$$

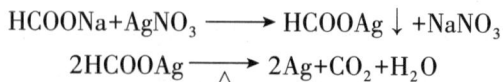

3. 在停止加热时，必须马上把导管从石灰水中取出，否则会发生倒吸，影响实验进行。乙酸加热沸腾时，试液易冲到反应的试管顶端和导管里，所以在加热时不断振荡。

4. 乳酸与氯化铁反应呈黄色：

$$3CH_3CH(OH)COOH+FeCl_3 \longrightarrow [CH_3CH(OH)COO]_3Fe+3HCl$$

　　由于氯化铁溶液本身也是黄色，反应前后不易观察。为使颜色变化明显，可先采用氯化铁与苯酚反应呈紫色，再加乳酸与混合液中的氯化铁反应生成乳酸铁，使反应液由紫色变成黄色。

　　5. 水杨酸与溴水作用，很快生成微溶于水的白色沉淀（3,5-二溴代水杨酸）。它可与过量的溴水作用，先脱羧再被溴代生成2,4,6-三溴代苯酚。后者继续与溴作用，变成黄色的四溴代物。

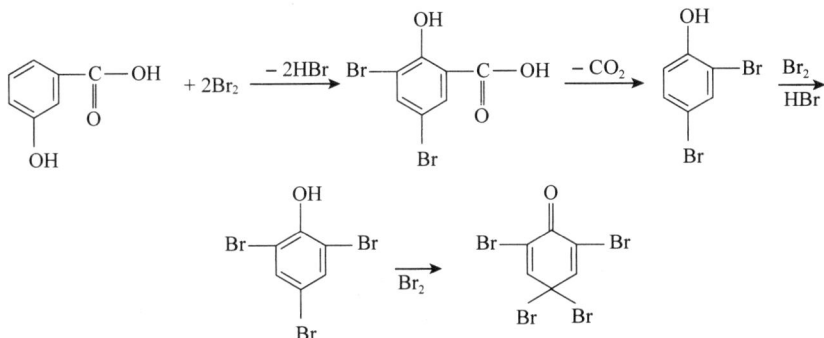

　　6. 因乙酰氯密度（d_4^{20} 1.105）大于水，所以乙酰氯先下沉至试管底部，遇水剧烈分解。

（六）思考题

1. 乙酰氯与乙酸酐相比，哪个反应活性大？
2. 乙酸和三氯乙酸相比，哪个酸性强？为什么？
3. 为什么水杨酸与溴水发生反应？

实验 25　胺的性质

（一）实验目的

1. 了解胺类化合物的性质和脂肪与芳香族胺化学反应的异同点。
2. 掌握区别伯胺、仲胺、叔胺的简单化学方法。

（二）实验原理

　　胺是具有碱性的一类化合物，可与酸作用生成盐。

　　伯胺、仲胺、叔胺与酰化剂的反应各不相同，这些反应可用于鉴别伯胺、仲胺及分离叔胺。

酰氯和酸酐能在胺的分子中引进酰基，此反应称为酰化反应，酰氯和酸酐称酰化剂。

兴斯堡反应可用来区别伯胺、仲胺、叔胺。

亚硝酸与脂肪族及芳香族的伯胺、仲胺、叔胺分别有不同的反应。这是很重要的反应及鉴别方法。

芳香族伯胺与亚硝酸作用生成重氮盐，重氮盐能与酚及芳胺发生偶合作用，生成有色的偶氮化合物。

脲是碳酸二酰胺，可发生水解、分解、缩合、成盐等反应，也可与亚硝酸反应放出氮气。

（三）仪器与试剂

仪器：试管、烧杯等。

试剂：苯胺、浓盐酸、二苯胺、乙醇、25%硫酸溶液、0.5%高锰酸钾溶液、饱和重铬酸钾溶液、6 mol/L硫酸溶液、10%亚硝酸钠溶液、10%二苯胺的乙醇溶液、N,N-二甲基苯胺、10%氢氧化钠溶液、苯磺酰氯、甲基橙、20%脲、浓硝酸、饱和氢氧化钡溶液、1%硫酸铜溶液、乙酰胺、饱和溴水、N-甲基苯胺、对氨基苯磺酰氯、6 mol/L盐酸溶液等。

（四）实验步骤

1. 胺的性质

（1）胺的碱性。

①取0.5 mL水于试管中，加入2滴苯胺，振荡，观察其水溶性。再加2滴浓盐酸，振荡后，观察结果。

②取少量二苯胺晶体加入1 mL乙醇使其完全溶解后加入1 mL水，溶液呈白色混浊状，滴加数滴浓盐酸，溶液转为透明，再加水稀释，观察并解释现象。

③取一支试管，加入2滴苯胺和1 mL水，再加数滴25%硫酸，观察现象。

（2）芳香胺的氧化。

①在试管中加入1~2滴苯胺，再加入3 mL水，用力振荡使之全溶，加入2滴0.5%高锰酸钾溶液，观察溶液变化。

②将1~2滴苯胺溶于3 mL水中，加入2~3滴饱和重铬酸钾溶液和0.5 mL 6 mol/L硫酸溶液，观察颜色变化。

（3）与亚硝酸作用。

①伯胺与亚硝酸的作用。取5滴苯胺于试管中，加入1 mL浓盐酸，振荡，再逐滴加入2 mL 1%亚硝酸钠溶液，混匀，在水浴上加热，观察现象。

②仲胺与亚硝酸的作用。取5滴10%二苯胺的乙醇溶液于试管中，搅拌下加入2滴浓盐酸，并滴加10%亚硝酸钠溶液直至溶液呈混浊状，观察生成物颜色和状态。再滴加浓盐酸，观察有何变化。

③叔胺与亚硝酸作用。取 2 滴 *N*,*N*-二甲基苯胺于试管中，加入 0.5 mL 浓盐酸和 0.5 mL 水，振荡混匀后，搅拌下慢慢滴加 1 mL 10%亚硝酸钠溶液，将试液分成 2 份，一份加 6 mol/L 盐酸溶液，另一份加 10%氢氧化钠溶液，观察各有什么变化。

(4)溴代作用。在试管中加入 1 滴苯胺，再加入 2~3 mL 水，用力振荡后静止，滴加饱和溴水，直至生成白色沉淀为止。

(5)兴斯堡反应。在 3 支试管中分别滴加 2 滴苯胺、*N*-甲基苯胺和 *N*,*N*-二甲基苯胺，加入 1.5 mL 10%氢氧化钠溶液及 3 滴苯磺酰氯；塞住管口剧烈振荡，并在水浴中温热，观察现象。用盐酸酸化，观察现象。

(6)甲基橙的制备。

①重氮化反应。取 1 g 对氨基苯磺酸晶体于 100 mL 烧杯中，加入 1 mL 10%氢氧化钠溶液和 5 mL 水稍加热溶解，再加入 4 mL 10%亚硝酸钠溶液，混匀，在冰浴中冷却至 5℃以下，在不断搅拌下逐滴加入 2 mL 6 mol/L 盐酸溶液。用碘化钾淀粉试纸检查溶液，如有游离亚硝酸时，可使试纸变蓝。如不变色，可再滴加盐酸直至试纸变蓝为止（避免过量的游离亚硝酸的生成，反应温度应该始终控制在 5℃以下）。继续在冰浴中冷却 15 min，以保证重氮化反应能全部完成再进行偶合作用。

②偶合作用。取 3~5 滴 *N*,*N*-二甲基苯胺于试管中，振荡下逐滴加入冰醋酸使之溶解，放在冰浴中冷却，边搅拌边加入 2~3 mL 重氮盐溶液，然后加入 10%氢氧化钠溶液中和反应液，继续搅拌 10 min，即有粗制甲基橙沉淀析出。粗甲基橙倒回固定瓶内回收。

③酸碱变色试验。取 3~5 滴甲基橙悬浮液于试管中，加入 5 mL 水稀释后，观察溶液颜色。然后滴加 6 mol/L 盐酸溶液使呈酸性，观察变化。再滴加 10%氢氧化钠溶液，观察现象。

2. 酰胺的性质

(1)脲的成盐。取 1 mL 20%脲的水溶液于试管中，小心加入 1 mL 浓硝酸，观察界面处的颜色，摇动并冷却试管，观察现象。

(2)尿素的水解。取一支试管，加入 0.2 g 尿素，用 1 mL 水使其溶解，再加入 2 mL 饱和氢氧化钡溶液，用小火加热至沸。加热过程中，将湿润的红色石蕊试纸放在试管口上，检验放出的气体，观察沉淀的生成和石蕊试纸颜色的变化。

(3)缩二脲反应。取一支干燥试管，加入 0.5 g 尿素，将湿润的红色石蕊试纸放在试管口上，缓缓加热至尿素熔化，并放出气体。观察试纸颜色变化并闻气体气味。继续加热至全部熔化后，冷却，加入 3 mL 热水，搅拌使之溶解。静止片刻，用另一支试管取此澄清溶液（不要倒出固体）1~2 mL，滴加 10%氢氧化钠溶液至溶液呈清亮。再加入 1 滴 1%硫酸铜溶液，观察颜色变化。

(4)霍夫曼反应。取一支试管，加入 0.1 g 乙酰胺，再加入 3 滴饱和溴水（在通风橱中操作）和 2 mL 10%氢氧化钠溶液，将湿润的红色石蕊试纸放在试管口上，然后把试管放在酒精灯上小火加热，注意试纸颜色变化。

（五）注意事项

1. 芳香胺很易被氧化。由于氧化剂的性质与反应条件不同，氧化产物可能是偶氮苯、氧化偶氮苯、亚硝基苯、对苯醌或苯胺黑等。用重铬酸钾与硫酸作氧化剂时，最终被氧化为黑色的苯胺黑。

2. 制备甲基橙，其反应式为：

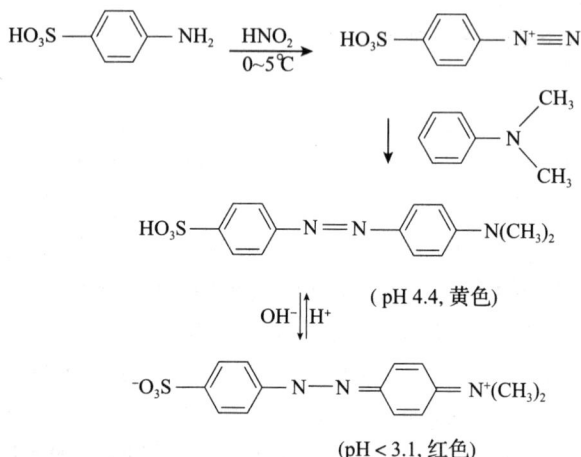

（pH 4.4，黄色）

（pH < 3.1，红色）

不同 pH 值其颜色不同，所以它是酸碱指示剂。重氮盐还有取代还原等反应。

3. 氢氧化钡在水中的溶解性比氢氧化钙大，更易形成碳酸钡沉淀，故比用石灰水好。

（六）思考题

1. 苯酚和苯胺都与溴水反应生成白色沉淀，那么怎样区别它们呢？

2. 比较苯胺与苯溴代反应的难易，并说明原因。

3. 如何鉴别伯胺、仲胺、叔胺？请列举出两种方法。

实验 26 碳水化合物的性质

（一）实验目的

通过实验熟悉碳水化合物的主要化学性质，了解碳水化合物的一般鉴定方法。

（二）实验原理

所有碳水化合物都能发生莫利许反应，此反应是鉴别碳水化合物的常用方法。

酮糖与西列瓦诺夫试剂反应比醛糖快 10~20 倍，利用此反应可区别酮糖和醛糖。

单糖和低聚糖可以与氢氧化铜作用生成深蓝色化合物，可使氢氧化铜沉淀溶解。

所有还原性糖，都能还原弱氧化剂如斐林试剂、托伦试剂，以及同苯肼试剂生成脎。根据成脎的时间、形状和熔点可鉴定糖。

淀粉遇碘变蓝，是鉴定淀粉的一个很灵敏的方法。

低聚糖和多糖在酸或碱的催化下都能水解，最终产物都是单糖。

（三）仪器与试剂

仪器：试管、玻璃棒等。

试剂：2%葡萄糖溶液、2%果糖溶液、2%蔗糖溶液、2%麦芽糖溶液、2%淀粉溶液、莫利许试剂、浓硫酸、西列瓦诺夫试剂、0.2%蒽酮-硫酸溶液、10%氢氧化钠溶液、5%硫酸铜溶液、斐林试剂甲（乙）、5%硝酸银溶液、2%氢氧化铵溶液、班尼狄克试剂、5%葡萄糖溶液、5%果糖溶液、5%麦芽糖溶液、5%蔗糖溶液、苯肼、6 mol/L 硫酸溶液、碘液等。

（四）实验步骤

1. 莫利许反应

取 2%葡萄糖溶液、2%果糖溶液、2%麦芽糖溶液、2%淀粉溶液、2%蔗糖溶液各 1 mL，分别放在 5 支试管中，各加入 2 滴莫利许试剂，混匀，再把试管倾斜成 45°。沿试管壁加入 1 mL 浓硫酸，不要摇动，重的浓硫酸会下沉，静置 10 ~ 15 min，观察两液层交界处的颜色（此反应液倒入指定瓶中回收）。

2. 西列瓦诺夫反应

取 2%葡萄糖溶液、2%麦芽糖溶液、2%果糖溶液、2%蔗糖溶液各 0.5 mL，分别放在 4 支试管中，各加入 1 mL 西列瓦诺夫试剂，混匀，然后把试管浸在沸水浴中加热 2 min，观察溶液颜色并比较反应的快慢。

3. 蒽酮反应

取 2%葡萄糖溶液、2%麦芽糖溶液、2%果糖溶液、2%蔗糖溶液、2%淀粉溶液各 2 滴，分别放在 5 支试管中，各加入 10 滴水，摇匀。然后各加入 10 ~ 15 滴新配制的 0.2%蒽酮-硫酸溶液，观察现象。

4. 与氢氧化铜的反应

取 2%葡萄糖溶液和 2%果糖溶液各 1 mL，分别放在 2 支试管中，加入 1 mL 10%氢氧化钠溶液，然后分别滴加 2 ~ 3 滴 5%硫酸铜溶液，观察现象，振荡后，观察溶液变化。

5. 与斐林试剂的反应

取斐林试剂甲（或 A）和乙（或 B）各 3 mL 混合后，平均放在 5 支试管中，加热煮沸，趁沸腾时分别滴加 2%葡萄糖溶液、2%麦芽糖溶液、2%果糖溶液、2%蔗糖溶液和 2%淀粉溶液各 3 mL，观察结果有何不同。

6. 与托伦试剂的反应

在一支洁净的试管中加入 4 mL 5%硝酸银溶液，然后边振荡边逐滴加入 2%氢氧化铵溶液，直至析出的沉淀恰好溶解为止（全部溶解），然后平均分装于 5 支洁净的试管中，分别加入 2%葡萄糖溶液、2%果糖溶液、2%麦芽糖溶液、2%蔗糖溶液、2%淀粉溶液各 1 mL，振荡混匀后，静置在沸水浴中加热 5 min（时间不宜过长），观察现象并比较结果。

7. 与班尼狄克试剂的反应

取 6 支试管，分别加入 2 滴 2%葡萄糖溶液、2%果糖溶液、2%麦芽糖溶液、2%蔗糖溶液、2%淀粉溶液和少许脱脂棉，再各加入 5 滴班尼狄克试剂，摇匀。同时放入沸水浴中加热 2~3 min，观察现象。

8. 与苯肼试剂的反应（糖脎的形成）

取 5%葡萄糖溶液、5%果糖溶液、5%麦芽糖溶液、5%蔗糖溶液各 0.5 mL，分别放在 4 支试管中，各加入 1 mL 苯肼试剂，混匀，然后把试管浸在沸水浴中加热，边加热边振荡，观察现象并比较形成脎的晶体快慢。如在 30 min 后尚无脎形成，可取出试管放冷后再观察。

用显微镜观察并比较各种糖脎的结晶形状。

9. 蔗糖的水解

取 0.5 mL 2%蔗糖液于试管中，加入 1.5 mL 6 mol/L 硫酸溶液，在沸水浴中加热 5~10 min，放冷，用 10%氢氧化钠溶液中和呈强碱性后，与斐林试剂作用，观察结果，并与未经水解的蔗糖液进行比较。

10. 淀粉的性质

（1）与碘的试验。取 0.5 mL 淀粉液于试管中，加 1 滴碘液，观察现象。在沸水浴中加热 5~10 min，观察现象。然后取出试管冷却，观察又有何变化。

（2）淀粉的水解。取 15~20 mL 淀粉液置于小烧杯中，加 1 mL 6 mol/L 硫酸，加热煮沸 5 min 后，每隔 2 min 取出 0.5 mL 热的反应液，用冷水迅速冷却后，加入 1 滴碘液。观察并比较一系列的现象。加热时应注意防止反应液蒸干，可适当补充少量沸水。

待反应液对碘液不再呈现颜色反应后，继续加热煮沸 5 min，放冷，取 3 mL 反应液，用 10%氢氧化钠溶液中和成强碱性后，与斐林试剂作用，观察现象和结果，并与未经水解的淀粉进行比较。

11. 纤维素的水解

取一支干燥试管，放入少许脱脂棉，滴加浓硫酸数滴，用玻璃棒搅拌至脱脂棉全部溶解（注意不要变黑），再加入 1 mL 水，在沸水浴中加热煮沸数分钟，冷却。取 10 滴水解液于另一支试管中，滴加 10%氢氧化钠溶液至溶液呈碱性，然后滴加 2~3 滴班尼狄克试剂，摇匀。放入沸水浴中加热，观察现象。

向指导教师领取未知液，检验是否是碳水化合物。醛糖还是酮糖？还原性糖还是非还原性糖？

（五）注意事项

1. 莫利许反应是鉴别糖类化合物最常用的颜色反应。除氨基糖外，一般的糖都可发生此反应。此外，丙酮、甲酸、乳酸、草酸、各种糖醛衍生物等均产生近似颜色反应。因此，发生此反应，还需做进一步实验，才能肯定是否是糖。

2. 为了保持蒽酮的溶解状态，试剂中硫酸的含量必须在 5% 以上。使用时，蒽酮-硫酸溶液应当天配制。

3. 如果加热时间过长，蔗糖、淀粉均可水解成单糖，也会出现银镜反应。

4. 麦芽糖在溶液冷却后析出沉淀。蔗糖不能与苯肼作用生成脎，但长时间加热蔗糖可能水解成葡萄糖和果糖，也会出现糖脎。

　另外，苯肼有毒！使用时切勿让它与皮肤接触。

5. 因纤维素水解产物较少，班尼狄克试剂不能多加，否则，班尼狄克试剂的蓝色将干扰颜色观察。

（六）思考题

1. 葡萄糖和果糖分别为醛糖和酮糖，为什么会生成相同的脎？
2. 蔗糖水解后为什么能与斐林试剂反应？
3. 如何鉴别果糖、葡萄糖、蔗糖和麦芽糖？

实验 27　氨基酸和蛋白质的性质

（一）实验目的

通过实验验证和熟悉氨基酸和蛋白质的重要化学性质，掌握氨基酸与蛋白质的鉴定方法。

（二）实验原理

氨基酸含有氨基和羧基，是两性化合物，具有等电点。

除甘氨酸外，其余氨基酸都含有手性碳原子，具有旋光性。

氨基酸是组成蛋白质的基础，可以与一些试剂发生颜色反应。

蛋白质是高分子化合物，在酸、碱或酶的作用下可以水解，水解最终产物为各种氨基酸，其中以 α-氨基酸为主。

蛋白质为两性物质，遇酸或碱都能成盐，在等电点时溶解度最小，容易沉淀析出。它遇某些试剂可发生沉淀反应，有些沉淀加水处理可以复溶，称为可逆沉淀；有些沉淀加水不能复溶，称为不可逆沉淀。

蛋白质能与许多试剂发生特殊的颜色反应,据此可检验某种蛋白质的存在。

(三)试剂

蛋白液、饱和硫酸铵溶液、硫酸铜溶液(0.5%、1%)、醋酸铅溶液(0.5%、5%)、饱和苦味酸、饱和鞣酸、10%三氯乙酸溶液、0.5%磺酸基水杨酸溶液、浓硫酸、浓盐酸、浓硝酸、酪氨酸、氢氧化钠溶液(10%、20%)、盐酸溶液(1%、15%)、1%氢氧化钠溶液、酪蛋白溶液、5%味素溶液、0.2%水合茚三酮溶液、冰醋酸缓冲溶液(pH=3.0、pH=4.6、pH=7)等。

(四)实验步骤

1. 蛋白质的沉淀作用

(1)盐析作用。取 1 mL 蛋白液于试管中,加入等体积的饱和硫酸铵溶液,振荡,观察现象。倾出 1 mL 混合液于另一支试管中,加入 1~2 mL 水振荡,观察变化,并与加水前的现象比较。

(2)与重金属盐的作用。各加 1 mL 蛋白液于 2 支试管中,一支试管中滴加 1%硫酸铜溶液,另一支试管中滴加 0.5%醋酸铅溶液,边加边振荡,直至生成絮状沉淀为止(滴加试剂不要过多,以免沉淀吸附盐离子而起胶溶作用,致使沉淀溶解)。各倾出一半于另 2 支试管中。各加入 1 mL 水,观察变化,并与加水前的现象比较。

(3)与生物碱试剂的作用。各加入 1 mL 蛋白液于 2 支试管中,一支试管中滴加饱和苦味酸溶液,另一支滴加饱和鞣酸溶液,直至生成沉淀为止。各倾出一半于另 2 支试管中,各加入 1 mL 水,观察沉淀的变化,并与加水前的现象比较。

(4)加热沉淀蛋白质。取一支试管,加入 2 mL 蛋白液,放入沸水浴中加热 5~10 min,直至生成沉淀为止,倾出一半,加入 1 mL 水,与加水前比较。

(5)与有机酸作用。取 2 支试管,各加入 5 滴蛋白液,再分别加入 4 滴 10%三氯乙酸溶液、5 滴 0.5%磺酸基水杨酸溶液,充分振荡,观察现象。

(6)与无机酸作用。取 3 支试管,各加入 5 滴蛋白液,再分别加 4 滴浓硫酸、浓盐酸、浓硝酸,不要摇动,观察白色沉淀出现。然后继续分别滴加 4 滴浓硫酸、浓盐酸、浓硝酸,摇匀。观察现象。

2. 两性及等电点

(1)取一支试管,加入 0.1 g 酪氨酸和 2 mL 水,摇匀。观察是否溶解。边摇边滴加 10%氢氧化钠溶液至弱碱性(pH 值为 8~9,用石蕊试纸检验),观察现象。在试管里放一片石蕊试纸,边摇边滴加 15%盐酸至溶液呈微酸性,注意溶液变混浊。继续滴加 15%盐酸,观察试管中有何变化。

(2)取一支试管,加入 1 mL 蛋白液,边摇边滴加 1%盐酸溶液至溶液变混浊,继续滴加 1%盐酸溶液,观察有何变化。再边摇边滴加 1%氢氧化钠溶液至混浊,继续滴加 1%氢氧化钠溶液,观察现象。

(3)取 3 支试管,分别加入 5 mL pH=3.0、pH=4.6、pH=7 的缓冲溶液,再各滴

加 10 滴酪蛋白溶液，摇匀，观察现象。

3. 蛋白质和氨基酸的颜色反应

(1)缩二脲反应。

①取 1 mL 蛋白液于试管中，加入 1 mL 10%氢氧化钠溶液，然后加 3 滴 0.5%硫酸铜溶液(勿过量，以免产生蓝色的氢氧化铜，遮盖反应颜色)，振荡后静置，观察现象。

②取 1 mL 5%味素溶液于试管中，代替蛋白液重复上述操作，观察现象。

(2)水合茚三酮反应。

①取 1 mL 蛋白液于试管中，加入 2 滴 0.2%水合茚三酮溶液，混匀，在沸水浴中加热 5 min，冷却后观察现象。

②取 1 mL 5%味素溶液于试管中，代替蛋白液重复上述操作，观察现象。

(3)黄蛋白反应。

①取 1 mL 蛋白液于试管中，滴加 8~10 滴浓硝酸，混匀，加热煮沸 1~2 min，观察变化。

②剪一些指甲或头发分别放入 2 支试管中，各加入数滴浓硝酸，观察颜色变化。

(4)乙醛酸的反应。取 1 mL 蛋白液于试管中，加入 1 mL 冰醋酸(其中常混有乙醛酸)或乙醛酸，振荡混匀后，倾斜试管，小心沿试管壁加入 1 mL 浓硫酸，注意勿使两液相混，观察两液层之间出现紫颜色的环。

(5)醋酸铅反应。取 0.5 mL 5%醋酸铅溶液加于试管中，逐滴加入 20%氢氧化钠溶液，边滴加边振荡，直至产生的氢氧化铅正好溶解为止。再加入 4~5 滴蛋白液，振荡，小心加热后，观察现象。

(五)注意事项

1. 重金属在浓度很小时就能沉淀蛋白质，与蛋白质形成不溶于水的类似盐的化合物。因此，蛋白质是许多重金属中毒时的解毒剂。

2. 不可多加生物碱试剂，因为所有沉淀均能溶于过量的试剂中。

3. 酪蛋白又称乳酪素、干酪素，由于分子中含有磷酸，呈弱酸性，能溶于强碱和浓酸，但几乎不溶于水。

酪蛋白溶液的配制：称 0.25 g 纯酪蛋白，加入 30 mL 蒸馏水及 3 mL 5%氢氧化钠溶液，置于沸水浴中搅拌，使之溶解，再用 6%乙酸中和至中性。

(六)思考题

1. 为什么生鸡蛋可以作铅、汞中毒的解毒剂？

2. 氨基酸与茚三酮反应的机理是什么？

3. 在缩二脲反应中为什么硫酸铜的加入量不能过多？

实验 28　糖的旋光度测定

(一)实验目的

了解旋光仪的构造和原理，掌握旋光仪的使用方法。

(二)实验原理

只在一个平面上振动的光称为偏振光。光学活性物质可以使偏振光向左或向右偏转，偏转的角度称为旋光度。旋光度可以用旋光仪准确测定。

溶液的旋光度与溶液的浓度、温度、盛液管长度等因素有关。通常规定：在 20℃，波长为 589 nm 的光线(钠光的 D 线)通过长 1 dm、装有 1 g/mL 溶液的样品管时测得的旋光度称为比旋光。比旋光是物质的特性常数之一，符号表示为 $[\alpha]_D^{20}$ 或 $[\alpha]$。实测旋光度 α 与比旋光的关系是：

$$[\alpha]_D^{20} = \frac{\alpha}{CL} \tag{4-1}$$

式中，C 为溶液浓度(g/mL)；L 为样品管长度(1 dm)。

旋光仪的基本构造如图 4-2 所示。

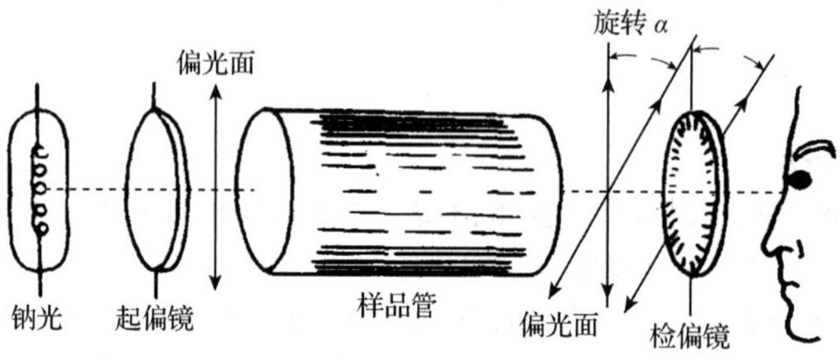

图 4-2　旋光仪示意图

尼柯尔棱镜是由两块方解石直角棱镜组成。起偏镜用来将接收的光转变为偏振光，检偏镜是随刻度盘转动，用来测量偏振光的偏转角度。当一束光经过起偏镜后沿 OA 方向振动，即只允许在这一方向上振动的光通过此平面。OB 为检偏镜的透射面，只允许在这一方向上振动的光通过，两透射面夹角为 θ，如图 4-3 所示。

振幅为正的 OA 方向的平面偏振光可以分解为振幅分量，分别为正 $E_{\cos\theta}$ 和 $E_{\sin\theta}$ 分量才可以透过检偏镜。当 $\theta = 0°$ 时，$E_{\cos\theta} = E$，此时透过检偏镜的光最强；当 $\theta = 90°$ 时，$E_{\cos\theta} = 0$，此时没有光透过检偏镜。当 θ 在 0°～90° 变化时，透过起偏镜入射的光强 I_0 与透过检偏镜的光强 I 之间的关系是：

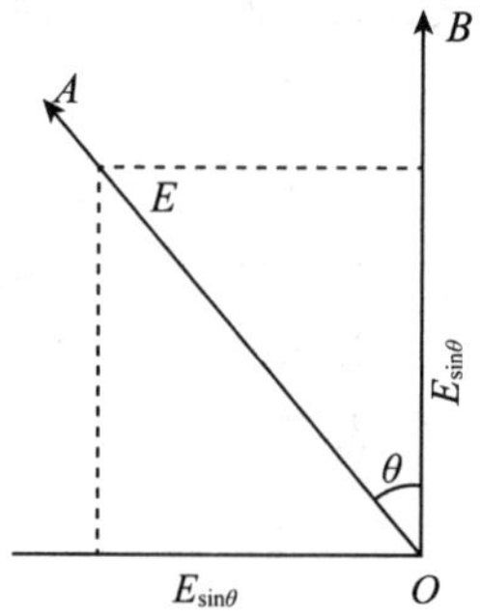

图 4-3　偏振光示意图

$$I = I_0 \cdot \cos^2\theta \qquad\qquad (4\text{-}2)$$

旋光仪就是通过透光强弱明暗来测定旋光度的。被测物处于起偏镜和检偏镜之间，由于被测物质的旋光作用，使由起偏镜出来的偏振光转过一个角度，这样，检偏镜也必须转动一个相同的角度，才能得到与原来的光强相同的透过光。

由于观测时肉眼对视场的明暗程度不太敏感，为了测定的准确性，采用了比较的办法，即三分视场（或二分视场）的方法，在起偏镜后装一狭长的石英片，其宽度约为视野的 1/3，石英片具有旋光性，透过石英片的那部分偏振光被旋转了一个角度，使得透过石英片的那部分光的强度与石英片的两侧透过的光的强度不同，则在视场中出现明暗不同的三分视场的情况，如图 4-4（a）（c）所示，当起偏镜旋转到一特定角度时，视场中 3 个区间的明暗程度一致，三分视场消失。

通过对旋光度的测量，可以检定旋光性物质的纯度和含量。

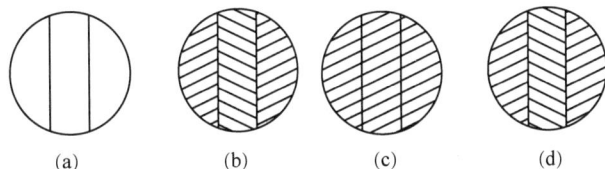

(a)　　　(b)　　　(c)　　　(d)

图 4-4　三分视场图

（三）仪器与试剂

仪器：旋光仪等。

试剂：待测液（糖液）等。

（四）实验步骤

1. 旋光仪零点的校正

将旋光仪中的样品管洗净，装上蒸馏水，使液面凸出管口，将玻璃盖沿管口边缘轻轻平推盖好，不要带入气泡，然后旋上螺丝帽盖，以不漏水为宜，若旋得过紧，玻璃盖会产生扭力，致使管内有空隙，影响旋光。将样品管擦干后放入旋光仪，罩上盖子，开启钠光灯，将标尺盘调在零点附近，转动手轮，调至视场内 3 个区间亮度均匀一致时记下读数。重复操作 3 次，取其平均值作为零点。若零点相差太大，应重新校正。

2. 溶液样品的配制

准确称取 10 g 葡萄糖和 10 g 蔗糖，分别以少量蒸馏水溶解，然后在 100 mL 容量瓶中定容，分别配制成 100 mL 溶液。

准确称取 10 g 葡萄糖，再取大约 5 g 蔗糖，用上面的方法配制 100 mL 混合液。

由于葡萄糖的变旋作用，以上溶液应预先配制。

3. 测量

(1) 将旋光管内的蒸馏水倒去，用配制的葡萄糖溶液洗旋光管 2~3 次，然后装满旋光管，测其旋光度，此时的读数与零点读数之差就是待测液的旋光度，以 3 次测量的平均值为准。然后按式 (4-1) 计算葡萄糖的比旋光度。

（2）测量蔗糖的旋光度，计算蔗糖的比旋光度。

（3）测量混合液的旋光度，计算混合液中葡萄糖和蔗糖的相对含量。

（五）思考题

1. 测量时，样品管中为什么不能有气泡？

2. 为什么可以用蒸馏水校正仪器的零点？

实验 29　立体模型组合

（一）实验目的

通过实验，了解有机化合物的各种空间构型，学会用球棍模型组合各种立体结构，熟悉对映异构、构象异构等立体异构。

（二）实验原理

由于 σ 键是可以自由旋转的，当围绕 σ 键旋转时，分子中的原子或基团可以产生在空间的不同排布方式，即产生不同的构象。如正丁烷分子，当沿着 C_2 与 C_3 之间的 σ 键的键轴旋转时，可以形成 4 种典型构象，其纽曼投影式如图 4-5 所示。

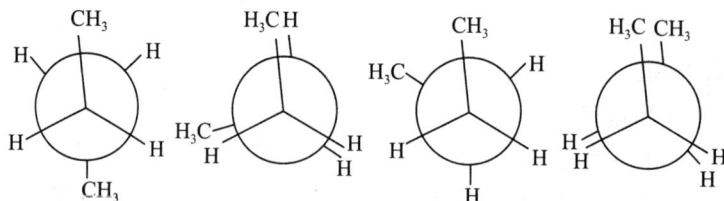

图 4-5　正丁烷的不同构象

由于分子中双键等因素的存在，限制了某些原子不能相对绕键旋转，从而形成构象不同的化合物，为顺反异构。如 2-丁烯存在顺-2-丁烯和反-2-丁烯两种异构（图 4-6）。

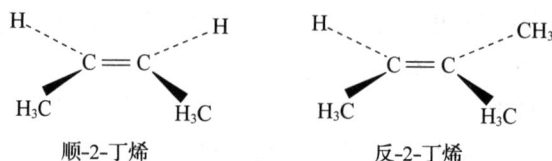

顺-2-丁烯　　　　　　　　反-2-丁烯

图 4-6　2-丁烯的构象

当一个分子不存在对称因素，此分子是手性分子，存在对映异构体。如乳酸 $CH_3CH(OH)COOH$ 是含有一个手性碳原子的化合物，手性碳分子分别与—H，

—OH，—CH₃ 和—COOH 4 个不同的原子或基团相连。此分子空间有两种排列方式，如图 4-7 所示，乳酸的两个分子模型看起来是代表同一分子，但实际上无论如何翻转它们都不能完全叠合。它们是两个不同的分子，即对映异构体(R-乳酸和 S-乳酸)。

1950 年，英国化学家在 X 射线衍射实验基础上，提出了环己烷的 6 个碳原子都保持正常的单键键角 109°28′，呈椅式和船式两种构象，如图 4-8 所示。在这两种构象中，椅式比船式稳定，在常温下几乎占动态平衡的 99.9%。

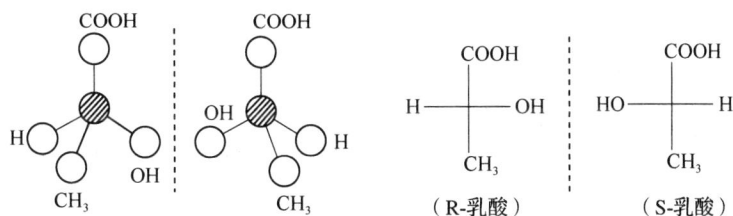

图 4-7　乳酸对映异构体

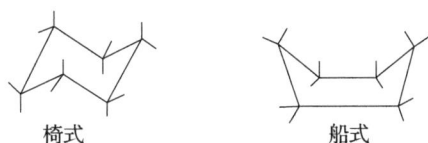

图 4-8　环己烷的构象

环己烷椅式构象的 12 个 C—H 键中，其中 6 个 C—H 键基本上与碳环位于同一平面并向四周伸出的称为平伏键(e 键)，另外 6 个 C—H 键基本上是垂直于碳环平面的称为直立键(a 键)。

碳水化合物(糖)的结构存在链状结构和环状结构，它们之间处于动态平衡中，平衡时 99% 以上为环状结构，只有少量的链状结构。如 D-葡萄糖液平衡时，含 36% α-D-葡萄糖、64% β-D-葡萄糖及少量的链状葡萄糖，如图 4-9 所示。

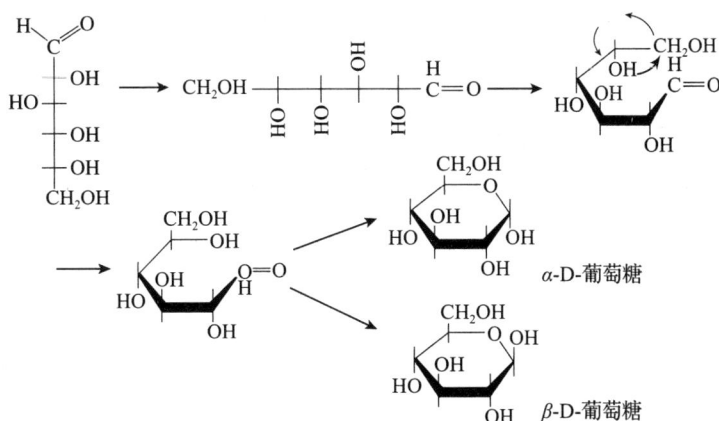

图 4-9　D-葡萄糖链状结构与环状结构变换图

(三)材料

粉球 6 个、绿球 6 个、棕球 6 个、黄球 2 个、小棕球 2 个、直棍 18 支、弯棍 2 支。

(四)实验步骤

1. 丁烷构象(纽曼投影式)

由棕球代表 C_2、C_3，绿球代表—CH_3，粉球代表—H，用直棍连接组合成丁烷构象，并转 C_2—C_3 轴观察丁烷各种构象，指出优势构象。

2. 顺反异构

用粉球代表—H，绿球代表—CH_3，棕球代表 C，弯键代表双键，组合成顺-2-丁烯和反-2-丁烯的模型。

3. 乳酸的对映异构

用粉球代表—OH，绿球代表—CH_3，黄球代表—COOH，小棕球代表—H，棕球代表手性碳，连接组成两个乳酸对映异构体。指明哪个是 R-乳酸，哪个是 S-乳酸，并画出其费歇尔投影式。

4. 环己烷的构象

由棕球代表 C，连成六元碳环，与粉、绿球相连(粉、绿球均代表—H)。摆出船式，再转变成椅式，观察区别，并指出椅式构象中的 a 键和 e 键。a 键上的 H 用绿球表示，e 键上的 H 用粉球表示。

5. D-葡萄糖的链状结构与环状结构的转化

由粉球代表—OH，绿球代表—H，黄球代表 O，棕球代表 C 和 CH_2OH，小棕球代表醛基上的—H，弯键代表双键，按 D-葡萄糖的费歇尔投影式组成模型，并说明 C_4—C_5 键怎样旋转构成环状结构。

每完成一组模型安装，需经指导教师验收后，方可拆除，进行下一组模型安装。

实验完毕，拆掉模型，核对好球棍数目，放回原处。

(五)思考题

1. 顺-1,3-二甲基环己烷与反-1,3-二甲基环己烷相比，哪个结构更稳定？
2. D-呋喃果糖的环状结构是如何成环的？

第 5 章　天然有机化合物的提取

实验 30　烟叶中烟碱的提取

(一)实验目的
1. 学习从烟叶中提取烟碱的基本原理和操作方法。
2. 进一步熟悉和巩固水蒸气蒸馏等基本操作。

(二)实验原理
烟叶中存在着去甲基烟碱、假木贼碱、烟碱等至少 7 种微量的生物碱。其中，烟碱占 2%~8%。

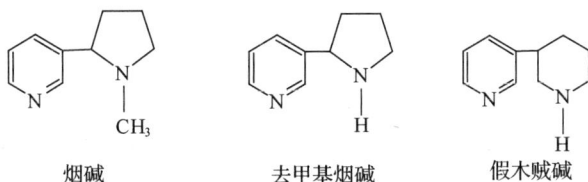

烟碱　　　　　去甲基烟碱　　　　假木贼碱

烟碱又称尼古丁，是由吡啶和四氢吡咯两种杂环组成的。纯净的烟碱为无色油状液体，沸点 246℃，味苦，有毒，具有旋光性，能溶于水和多种有机溶剂。

从烟叶中提取烟碱通常有两种方法。一种是利用烟碱易与酸结合形成盐的性质。在生物体内，烟碱常与苹果酸、柠檬酸等有机酸或无机酸结合成盐而存在。提取时，可将烟叶与无机强酸溶液共热，再加碱中和，使烟碱游离出来，然后用有机溶剂萃取，最后蒸去溶剂，得到烟碱，可采用水蒸气蒸馏的方法蒸去溶剂。

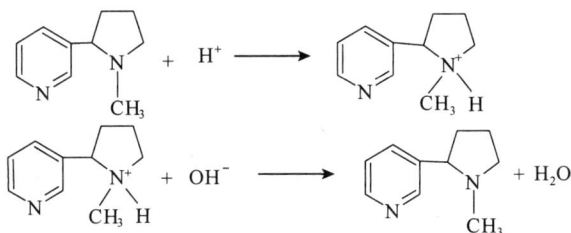

另外，由于烟碱是一种液体，难以处理和纯化，所以，另一种方法是使其与苦味酸作用，生成烟碱二苦味酸盐结晶。

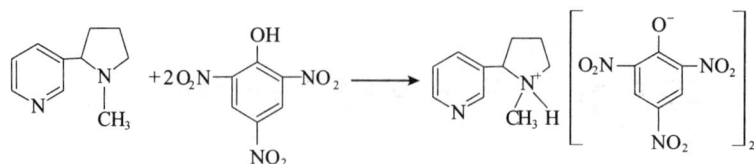

（三）仪器与试剂

仪器：圆底烧瓶、直形冷凝管、接液管、锥形瓶、水蒸气发生器、温度计、分液漏斗、水浴锅、小型多孔板漏斗、抽滤装置等。

试剂：干烟末、氯仿、10%硫酸溶液、氢氧化钠溶液（5%、10%）、甲醇、饱和苦味酸甲醇溶液等。

（四）实验步骤

1. 水蒸气蒸馏法

称取 5 g 干烟末于 250 mL 烧杯中，加入 50 mL 10%硫酸溶液，加热煮沸 20 min，并不断搅拌（注意：需补加适量水，以补偿挥发）。稍冷，加 10%氢氧化钠溶液中和至明显碱性（用石蕊试纸检验）。将混合物移入 250 mL 圆底烧瓶中，加沸石，进行水蒸气蒸馏。待收集几毫升馏出液时可停止蒸馏。

2. 苦味酸盐法

称取 8.5 g 干烟末于 250 mL 烧杯中，加入 100 mL 5%氢氧化钠溶液，搅拌 20 min。将混合物倒入布氏漏斗（不铺滤纸，铺一层脱脂棉），抽滤。将烟叶重新倒入原烧杯中，加入 2 mL 蒸馏水搅拌，洗涤，抽滤，合并滤液。

滤液在分液漏斗中，加入 25 mL 氯仿进行萃取，静置分层，下层液收集，上层液再用 50 mL 氯仿萃取，分 2 次进行，合并 3 次萃取液。

水浴加热蒸馏，氯仿回收。当剩余 8~10 mL 溶液时，冷却，并将浓缩液转移至 50 mL 圆底烧瓶中，再用 3 mL 氯仿洗涤原烧瓶，一同并入。

水浴蒸馏浓缩至干，剩余少量油状物或固体，加入 1 mL 蒸馏水轻轻摇动以溶解固体，再加入 4 mL 甲醇（产生黄色沉淀），将此甲醇溶液过滤（漏斗需垫玻璃棉），并用 5 mL 甲醇洗涤。

加入 10 mL 饱和苦味酸甲醇溶液，立即析出绒毛状的淡黄色二苦味酸烟碱沉淀。用垫有滤纸的小型多孔板漏斗减压过滤。

将所得的固体置于 50 mL 锥形瓶中，加热下逐渐加入热的 50%乙醇溶液，直至固体刚好溶解为止。静置、冷却，析出亮黄色的棱柱状结晶。在垫有滤纸的小型多孔板漏斗内进行减压过滤，干燥，收集产物。

（五）注意事项

1. 用水蒸气蒸馏时，中和至混合物呈明显碱性是关键，否则烟碱不能被蒸出。

2. 在过滤烟叶氢氧化钠溶液时，不能用滤纸。因滤纸遇强碱会膨胀，失去滤纸的作用。

(六)思考题

1. 提取烟碱，为什么可用水蒸气蒸馏法进行蒸馏？
2. 影响实验结果的因素有哪些？

实验 31　茶叶中咖啡因的提取

(一)实验目的

1. 了解从茶叶中提取咖啡因的原理和方法。
2. 学习索氏提取器的原理和操作方法，进一步熟悉一些基本操作。

(二)实验原理

茶叶中含有多种生物碱，其中以咖啡因(即咖啡碱)为主，占 1%~5%。其结构式为：

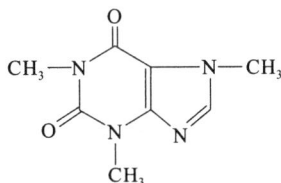

咖啡因是黄嘌呤衍生物，其化学名称是 1,3,7-三甲基-2,6-二氧嘌呤。此外，茶叶中还含有鞣酸、色素、纤维素、蛋白质等。咖啡因是弱碱性化合物，易溶于氯仿、水、乙醇等溶液中。

通常，咖啡因含结晶水时为无色针状结晶，味苦。100℃时即失去结晶水，并开始升华，120~178℃，升华迅速。

工业上，咖啡因主要是合成的，它可以兴奋中枢神经，是复方阿司匹林等药物的组分之一。本实验主要介绍实验室中常用的两种提取咖啡因的方法。一种是用碳酸钠热溶液游离咖啡因，再用氯仿萃取；另一种是用索氏提取器提取，然后浓缩，升华得到咖啡因晶体。

(三)仪器与试剂

仪器：索氏提取器、滤纸筒、蒸发皿、烧杯、直形冷凝管等。
试剂：干茶叶、生石灰粉、95%乙醇等。

(四)实验步骤

1. 提取

称取 4 g 干茶叶,装入滤纸筒中,轻轻压实,放入提取器中。平底烧瓶中加入 14 mL 95%乙醇,提取器中加入 26 mL 95%乙醇,加热回流 1~2 h。当提取器中的液体刚虹吸下去时,立即停止加热。改成蒸馏装置,蒸出 25~30 mL 乙醇,对提取液进行浓缩。

2. 升华

将残留液倒入蒸发皿中,加入 2~3 g 生石灰(起中和及脱水作用),在蒸汽浴上加热,蒸发至干。然后将蒸发皿移至石棉网上焙烧,除尽水分。

在蒸发皿上,盖一张带有许多小孔的圆形滤纸,取一个合适的玻璃漏斗盖在滤纸上,漏斗颈部疏松地塞一小团棉花(装置图参看第二章萃取和升华)。

在石棉网上小心将蒸发皿加热,逐渐升温使咖啡因蒸气通过纸孔遇到漏斗内壁冷却,直至冷凝为固体,附着在漏斗内壁和滤纸上。当滤纸上出现大量白色晶体时,暂停加热。

(五)注意事项

1. 升华过程中必须严格控制加热温度,这是实验成败的关键。
2. 升华前必须将水分除净,以免产生雾,影响产物的质量和产量。

(六)思考题

1. 试述索氏提取器萃取原理,它和一般的浸泡萃取比较有哪些优点?
2. 进行升华操作时应注意哪些问题?
3. 写出从茶叶中提取咖啡因的工艺流程。

实验 32　胆汁中胆红素的提取

(一)实验目的

学习提取胆红素的原理和方法。

(二)实验原理

胆红素多存在于动物胆汁中,一部分存在于血清中,是胆汁的主要色素,也是胆结石的成分之一。

胆红素是一种重要的生化试剂,是许多中药配方中不可缺少的成分。胆红素在中药中主要用于牛黄类制剂，如牛黄解毒片、牛黄安宫丸等。研究表明，胆红素具有镇静、解热、降压和促进红细胞再生等作用。

胆红素晶体为单斜晶系，结构式为：

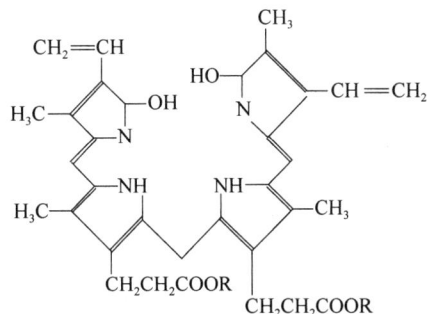

结构式中，R＝H 时为间接胆红素；R＝β-葡萄糖醛酸苷时为直接胆红素。

胆红素为长方形，橙红色，稍加热则变为黑色，但不熔化。可溶于氯仿、苯、氯苯、二硫化碳、酸和碱中，微溶于乙醚，不溶于水。在干燥状态下较稳定，但在碱溶液中或遇铁离子时极不稳定，很快会被氧化为胆绿素。

胆红素的提取方法较多，本实验介绍氯仿提取法和胆红素钙盐法。

（三）仪器与试剂

仪器：烧杯、蒸馏瓶、分液漏斗、水浴锅、150℃温度计、量筒、锥形瓶、1 000 W 电炉、40 cm×40 cm 涤纶布、40 目尼龙过滤筛。

试剂：1 mol/L 氢氧化钠溶液、亚硫酸氢钠溶液、盐酸溶液（1∶1、1∶3）、氯仿、新鲜胆汁（猪胆汁）、氯仿、95%乙醇、饱和石灰水溶液等。

（四）实验步骤

1. 氯仿提取法

将新鲜的猪胆用不锈钢剪刀剪开，用细纱布或的确良布过滤，除掉油脂，置于不见光瓶中保存备用。

在 100 mL 烧瓶中加入 5 mL 氯仿，在 60～65℃水浴上用 1 mol/L 氢氧化钠溶液调 pH 值为 11～12，然后放入新鲜胆汁和抗氧化剂。控制温度在 65℃以下，这时 pH 值可自动降低至 8～9，冷却至室温。再加入 10 mL 左右氯仿，用 1∶1 盐酸溶液调节 pH 值为 3.5～4。静置，如果上层仍有半透明的红色，说明酸度不够，应小心滴加适量盐酸；如果上层为棕黄色水层，下层为红棕色，说明酸度合适（有时出现中间层）。

将烧瓶中的液体移入分液漏斗中静置，下层放入一干净烧杯中，其余倒入锥形瓶中，加入 4～5 mL 氯仿，调 pH 值为 3.5～4。将其移入分液漏斗，静置、分层，取下层液。

在 80～90℃水浴上蒸馏氯仿至干，蒸馏瓶内剩下红棕色胶状物。当快接近蒸干时，打开蒸馏瓶盖，插入玻璃棒，直至玻璃棒上不再出现水珠时停止加热。

加入 95% 乙醇,在 80~85℃ 水浴上蒸馏几分钟,直至胆红素红色小颗粒析出为止。此时证明已完全蒸干,冷却至室温,用快速定性滤纸过滤,将所得固体放入 30~35℃ 烘箱内烘干。最后置于干燥器内干燥,密封于暗处保存。

2. 胆红素钙盐法

在 1 000 mL 烧杯中加入 100 mL 胆汁,加入 500 mL 饱和石灰水溶液,搅拌均匀,加热至 50~60℃。液面产生乳白色泡沫,可用干燥滤纸清除。继续加热至 95~98℃,保持 5 min。液面上将漂浮大量橙黄色胆红素钙盐,迅速捞出,用双层湿的涤纶布压榨,得胆红素钙盐。

等滤液温度降至 30~40℃ 后,向滤液中加入 1∶3 盐酸溶液,细调 pH 值为 1~2,即得胆汁酸。

另取一个 200 mL 烧杯,放入上述胆红素钙盐,加入其质量一半的水,搅成糊状。加 20 mL 1% 亚硫酸氢钠溶液,用 1∶3 盐酸溶液调 pH 值至 1.5,用涤纶布滤去酸液,弃之。

向滤液中加入少量 95% 乙醇,搅成糊状,再加入 1% 亚硫酸氢钠溶液,边加边搅拌,再用盐酸仔细调 pH 值至 1~2,再加 10 倍的 95% 乙醇,静置 16~24 h,即得胆红素粗晶。虹吸上层清液。最后用 75℃ 热蒸馏水洗涤、沉淀 2~3 次。用涤纶布滤干,所得湿的固体物为粗胆红素。

(五)注意事项

1. 在提取胆红素时,不能用铁器,防止发生反应被氧化。
2. 仔细调节 pH 值。

(六)思考题

1. 为什么溶解胆红素时 pH 值要在 7 以上,而析出时则在 7 以下?
2. 试述氯仿提取法的工艺流程。

实验 33　从奶粉中分离酪蛋白、乳糖和脂肪

(一)实验目的

学习从奶粉中分离酪蛋白、乳糖和脂肪的原理和方法。

(二)实验原理

从奶粉中能够分离出 3 种具有一定纯度的成分:酪蛋白、乳糖和甘油酸(或称乳脂)。牛奶中存在的酪蛋白钙盐有 3 种不同组分:α-酪蛋白、β-酪蛋白和 κ-酪蛋白。它

们的相对分子质量以及连接在 α-、β-酪蛋白分子上磷酸根的数目各不相同。酪朊酸钙实际上形成了一种复杂的水溶性单元，其中处于结构内部的 α-和 β-酪朊酸根离子被 κ-酪朊酸根离子包围着，整个形成了一个带负电荷的微胞，并与带正电荷的钙离子相缔合。微胞是一种缔合分子单元的聚集体，它在介质中立刻以小球状微粒存在。这种微胞结构是有非水溶性的 α-和 β-酪朊酸钙键的碳水化合物成为它表面的某一部分，但它含有比 α-或 β-酪蛋白中任何一个都要少的磷酸根。因此，水溶性的 κ-酪蛋白使得这种结合的聚集体成为水溶性。

牛奶中加入 10% 乙酸溶液，中和微胞上带有的负电荷，就可形成游离的蛋白质，并以胶状物形式沉淀下来。

$$[Ca^{2+}][酪朊酸离子^{2-}] + 2CH_3COOH \longrightarrow Ca(CH_3COO)_2 + 酪蛋白\downarrow$$

将余下来的液体从酪蛋白沉淀物中除去，然后将液体与碳酸钙一起煮沸中和。加热的同时也能使牛奶中的蛋白质、白蛋白和乳球蛋白变性。这些变性的蛋白质可以通过过滤与碳酸钙一同除去。

将过滤得到的乳清液浓缩至原体积的一半，然后经活性炭纯化后，利用乙醇重结晶得到乳糖。乳糖的构象如图 5-1 所示。

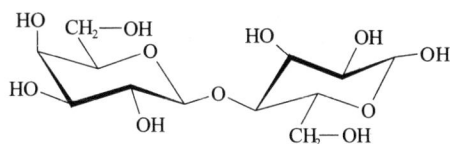

图 5-1 乳糖的构象

糖类化合物受热时会分解，因此难以获得糖类化合物的熔点。

奶粉中含有约 0.5% 的脂肪。脂肪是由甘油与 3 个脂肪酸生成的一种酯。牛奶中的脂肪是由三酸甘油酯组成，其中多数由 $C_4 \sim C_8$ 的饱和脂肪酸生成。以下为一种三酸甘油酯的结构式：

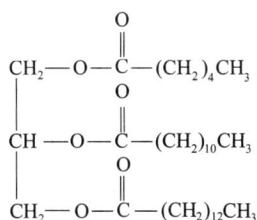

为了得到奶粉中有限量的甘油酯(乳脂)，可将奶粉与二氯甲烷一起加热。蒸去二氯甲烷后得到的残留物即为脂肪。

(三)仪器与试剂

仪器：烧杯、量筒、布氏漏斗、吸滤瓶、水泵、圆底烧瓶、球形冷凝管等。
试剂：奶粉、冰醋酸、碳酸钙、活性炭、硅藻土、二氯甲烷、95%乙醇等。

(四)实验步骤

1. 酪蛋白的分离

量取 50 mL 水，将 20 g 奶粉加入其中，充分搅拌至所有块状物消失，另外配制 20 mL 10%乙酸溶液。

用水浴将上述奶液加热至 40℃，在非常缓慢地搅拌下，慢慢地将 10%乙酸溶液(约 10 mL)加入牛奶中，直至有大块的胶状物生成。

一边用搅拌棒轻轻挤压酪蛋白，一边将乳清从沉积的酪蛋白中倾于一个 150 mL 烧杯中。

用抽滤法将块状的酪蛋白过滤，滤得的酪蛋白置于滤纸中间挤压至干，将它放在表面皿上空气干燥至下次实验。

干燥后的酪蛋白经称重后，计算出奶粉中酪蛋白的百分含量。

2. 乳糖的分离

将 4 g 碳酸钙加入上述乳清中，在不断快速地搅拌下，煮沸 2~3 min，必须不断地搅拌，以防止暴沸和由此引起的液体损失。

通过吸滤，将碳酸钙和白蛋白从乳清中除去，然后将滤液倒入一个干净的 150 mL 烧杯中。

在不断地剧烈搅拌下，将滤液加热煮沸浓缩到原体积的一半。

乳清浓缩后，将 175 mL 95%乙醇放在回流装置中加热至接近沸腾。在乙醇加热的同时，将大约 15 g 硅藻土加入 175 mL 95%乙醇中，通过吸滤，在大布氏漏斗中铺上一层过滤层。然后，倒去吸滤瓶中的乙醇。

将乳清加入 175 mL 95%乙醇中，再加入约 1.5 g 活性炭。搅拌，加热煮沸 2~3 min，然后通过铺有硅藻土的布氏漏斗抽滤。将滤液倒入烧杯中，用表面皿盖好，静置冷却。

用细孔度滤纸进行抽滤，把乳糖从乙醇中分离出来。产物经空气干燥，称重后计算奶粉中乳糖的百分含量。

测定乳糖的熔点(文献值为 201.6℃)。如果不能测得其熔点，观察并记下糖在受热时的变化情况。

3. 乳脂的分离

100 mL 二氯甲烷中加入 20 g 奶粉，搅拌下加热煮沸 1~2 min 后，将奶粉从二氯甲烷中滤去，滤液滤入预先称重的烧杯中。

在通风橱里加热蒸去二氯甲烷，记录分离得到的脂肪质量。

(五)注意事项

1. 向奶液中加入 10%乙酸时，要缓慢搅拌，如果搅拌速度太快，酪蛋白会结成小块，这样就难以从奶液中分离出来。

2. 加热乳清应快速搅拌以防止暴沸。

3. 若不使用奶粉，可将牛奶稀释 4 倍代替奶粉进行实验。

(六)思考题

1. 乳糖比旋光的文献值是：

$[\alpha]_D^{20} = +92.6° \longrightarrow +83.5°(10 \text{ min}) \longrightarrow +69°(50 \text{ min}) \longrightarrow +52.3°(22 \text{ h, 最后})$ 这种变化是怎样产生的？

2. 为什么先向乳清中加入碳酸钙，然后又将它除去？

实验 34　黑胡椒中胡椒碱的提取

(一)实验目的

1. 学习从黑胡椒中提取胡椒碱的原理和方法。
2. 通过胡椒碱的水解及其产物——胡椒酸熔点的测定确定其几何构型。
3. 进一步掌握减压蒸馏的操作技术。

(二)实验原理

胡椒碱为存在于各种胡椒中的一种弱碱性物质。它具有特殊的几何构型，其结构式为：

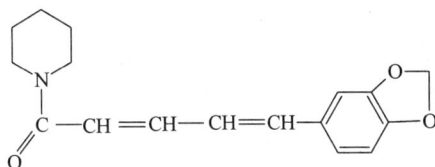

黑胡椒碱及其几何异构体佳味碱约占黑胡椒质量的 10%。

由于胡椒碱为不易挥发的物质，所以与黑胡椒的香味无关。虽然胡椒碱常温时无味，但加热后能产生灼烧和辛辣的余味，这与其在水中溶解度极小有关。

将磨碎的黑胡椒用 95% 乙醇萃取，可容易地得到胡椒碱。采用回流装置，将黑胡椒的乙醇溶液加热，得到粗萃取液，其中除含有胡椒碱和佳味碱外，还含有酸性脂类物质，把稀释的氢氧化钾溶液加至浓缩的萃取液中，使酸性物质成钾盐留在溶液中，即可避免胡椒碱与酸性物质一起析出。

前述胡椒碱的结构未能说明双键的立体化学结构。将胡椒碱经碱催化水解后经过适当的操作可得六氢吡啶和胡椒酸。胡椒酸是下面 4 个异构体中的一个，目前每个异构体的熔点都已知道，测定水解所得胡椒酸的熔点就可说明其立体化学结构，则胡椒碱的几何构型便可确定。

熔点215~217℃　　　　熔点134~136℃

熔点154~156℃　　　　熔点200~202℃

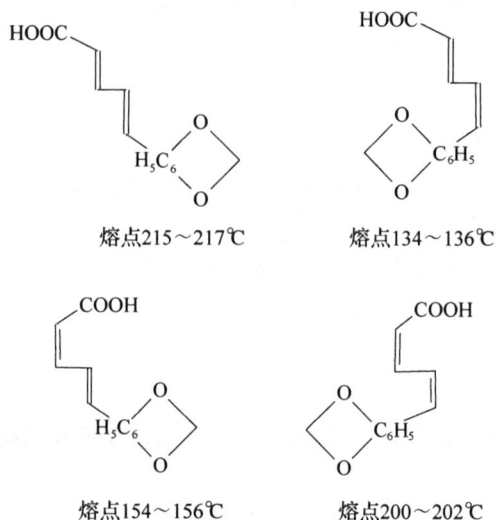

(三) 仪器与试剂

仪器：圆底烧瓶、烧杯、吸滤瓶、布氏漏斗、水泵、球形冷凝管、直形冷凝管、克氏蒸馏瓶等。

试剂：黑胡椒、95%乙醇、2 mol/L 氢氧化钾溶液、6 mol/L 盐酸溶液、丙酮等。

(四) 实验步骤

1. 胡椒碱的分离

将 30 g 磨碎的黑胡椒和 300 mL 95%乙醇加入圆底烧瓶内，缓缓加热回流约 3 h。

抽滤并把滤液蒸馏浓缩至体积为 20~30 mL。向残液中加入 30 mL 温热的 2 mol/L 氢氧化钾醇溶液，将此热溶液充分搅拌，用倾出或过滤方法除去不溶物质。在温热情况下向溶液中加入 15~20 mL 水。

冷却后，分离析出胡椒碱黄色沉淀。胡椒碱用丙酮重结晶。精制胡椒碱应为黄色细针状结晶。计算产率并测定熔点(文献值 129~131℃)。

2. 胡椒碱的水解

取 1 g 胡椒碱加入 10 mL 2 mol/L 氢氧化钾醇溶液加热回流 1.5 h。水浴加热，用水泵蒸馏把乙醇溶液蒸干。蒸馏时将接收器在冰盐浴中冷却。

将残留在蒸馏瓶中的胡椒酸钾盐固体混悬在约 20 mL 热水中并用 6 mol/L 盐酸溶液小心酸化，收集所得沉淀，用冷水洗涤。

胡椒酸粗品用无水乙醇重结晶。计算产率并测定其熔点。将测得的熔点与文献值对比，确定其几何构型。

(五) 注意事项

1. 用索氏提取器萃取，可节省试剂。

2. 由于沸腾混合物中有固体，在加热太猛烈的情况下会发生暴沸，所以应缓慢加热。

(六) 思考题

1. 根据胡椒酸的熔点，说明其立体化学结构。已知佳味碱的双键立体化学结构与胡椒碱相反，写出它的几何构型。

2. 实验中分离得到的胡椒碱是否有旋光性？为什么？

3. 胡椒碱应归入哪一类天然产物？为什么？

实验 35　百合多糖的提取

(一) 实验目的

了解从百合中提取多糖的原理和方法。

(二) 实验原理

百合为我国传统的药食兼用植物，百合多糖是百合的主要生物活性成分，具有抗肿瘤、清除自由基、调节免疫、降血糖、抗氧化等生物活性。多糖溶于水或酸、碱溶液而不溶于醇、醚、丙酮等有机溶剂，但多糖在酸碱中易降解，所以可利用热水法提取水溶性百合多糖。

(三) 仪器与试剂

仪器：恒温水浴锅、旋转蒸发仪、离心机、紫外可见分光光度计、烧杯等。

试剂：百合鳞茎、无水乙醇等。

(四) 实验步骤

1. 提取

(1) 精确称取 2.0 g 百合鳞茎，洗净，研碎，溶于 60 mL 水中。

(2) 在 70 ℃ 热水浸提 1 h。

(3) 浸提一定时间后，冷却过滤，弃去滤渣，并将滤液浓缩至原来体积的 1/4 左右。

(4) 滤液加入 3 倍体积的无水乙醇进行醇析，静置 1 h。

(5) 醇析后的多糖溶液在 4 000 r /min 下离心 15 min，将离心所得的沉淀物复溶至 100 mL。

2. 多糖含量的测定

（1）绘制多糖含量标准曲线。取 100 mg 干燥的葡萄糖，用蒸馏水定容至 500 mL，制成葡萄糖标准溶液。称取 1 g 蒽酮，先加入适量乙酸乙酯溶解，再加入硫酸定容至 50 mL，制成蒽酮溶液。取 6 支刻度试管洗净，烘干，按蒸馏水与葡萄糖标准溶液比例为 2.0∶0，1.8∶0.2，1.6∶0.4，1.4∶0.6，1.2∶0.8，1.0∶1.0 分别加入各试管。将各试管置于冰水浴中缓缓加入 4 mL 蒽酮试剂，摇匀，在沸水浴中加热 10 min。取出，室温冷却，在 620 nm 波长下比色。

（2）计算多糖提取率。

多糖提取率=多糖质量浓度（mg/mL）× 体积（mL）/原料质量（g）×100%

（五）注意事项

本实验所用百合鳞茎俗称百合球，即百合地下的根球，使用前需用蒸馏水清洗干净。

（六）思考题

如果只粗略的计算多糖的含量，该如何操作？

实验 36　银杏叶中黄酮类化合物的提取和分离

（一）实验目的

了解从银杏叶中黄酮类化合物的提取和分离的原理和方法。

（二）实验原理

银杏叶中含有丰富的化学成分，主要有黄酮类、萜类、内酯类等化合物，黄酮类化合物为其主要有效成分之一，具有优异的抗氧化性能。黄酮是指两个具有酚羟基的苯环（A 与 B 环）通过中央三碳原子相互连结而成的一系列化合物，其基本母核为 2-苯基色原酮。黄酮苷一般易溶于水、乙醇、甲醇等极性强的溶剂中，但难溶于或不溶于苯、氯仿等有机溶剂中。

（三）仪器与试剂

仪器：恒温水浴锅、旋转蒸发仪、离心机、紫外可见分光光度计、烧瓶、直形冷凝管等。

试剂：银杏叶、乙醇溶液（60%、70%）、氢氧化钠溶液（4%、5%）、10%硝酸铝溶液等。

(四)实验步骤

1. 提取

(1)精确称取 2.0 g 银杏叶,洗净,研碎,溶于 30 mL 70%乙醇溶液中。

(2)在 80℃回流 2 h。

(3)浸提一定时间后,冷却过滤,弃去滤渣,并将滤液浓缩至原来体积的 1/4 左右。

(4)滤液加入水稀释至 30 mL。

2. 黄酮含量的测定

绘制多糖含量标准曲线:精确吸取标准芦丁对照品溶液(0.2 mg/mL)0、0.5、1.0、2.0、3.0、4.0、5.0 mL,分别置于 10 mL 容量瓶中,各加 60%乙醇溶液至 5 mL,加入 5%氢氧化钠溶液 0.3 mL,摇匀放置 6 min,再加入 10%硝酸铝溶液 0.3 mL,摇匀放置 6 min,加入 4%氢氧化钠溶液 4 mL,摇匀放置 10~20 min,定容。在 510 nm 处,以第一管溶液作空白对照组分别测定吸光度,以吸光度对浓度进行回归,绘制标准曲线。将芦丁换成样品,同样方法测定吸光度,查阅标准曲线,计算黄酮含量。

(五)注意事项

1. 若要提高产率,可反复浸提 2~3 次。

2. 可采用索式提取器进行提取。

(六)思考题

1. 用水和乙醇混合溶剂提取有哪些优点?

2. 若要对黄酮进行分离该如何操作?

实验 37　丁香中丁香油的提取与纯化

(一)实验目的

学习丁香油的提取与纯化方法。

(二)实验原理

香精油往往存在于植物组织的腺体或细胞间的空隙内,在植物的花和籽中含量很高。提取香精油的方法常有水蒸气蒸馏法、溶剂提取法、压榨法和吸收法,另外现代还有针刺破裂法、冷冻法、超临界流体萃取法和闪蒸法等。香精油的提取需要根据材料性质、挥发油稳定性及其经济效益等选用合适的方法。

丁香为桃金娘科植物丁香的干燥花蕾，主产于坦桑尼亚、马来西亚、印度尼西亚等地，我国广东省有少量出产。丁香作为农业中的一种经济作物，是一种传统中药和食用香料。其花蕾主要香气成分为丁香酚，占香精油的 78%~95%。其他挥发性成分包括丁香烯、丁香酚乙酸酯、甲基戊基甲酮等。丁香酚是一种油状液体，沸点为 250℃，几乎不溶于水，与乙醇、氯仿、乙醚及石油醚可以混溶。其结构式如下：

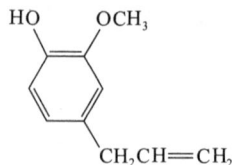

$$HO \quad OCH_3$$
$$CH_2CH=CH_2$$

在本实验中用水蒸气蒸馏法提取丁香油。

(三)仪器与试剂

仪器：三颈烧瓶、滴液漏斗、蒸馏头、球形冷凝管、接引管、接收器、分液漏斗、具塞锥形瓶、烧杯、量筒、研体、试管、天平、电炉、油浴锅、折射仪等。

试剂：二氯甲烷、无水硫酸钠、丁香、沸石、5%氢氧化钾溶液、盐酸、苯、乙醚、己烷-乙酸乙酯(85:15)混合液、丁香酚、茴香醛、浓硫酸等。

(四)实验步骤

1. 水蒸气蒸馏提取

将 10 g 丁香于研钵中研碎，装入 250 mL 三颈烧瓶中，安装好水蒸气蒸馏装置，通过三颈烧瓶空颈口加入沸石和 120 mL 水，然后用磨口塞盖住滴液漏斗通向大气的上口。开启电炉，通过油浴慢慢加热三颈烧瓶。当瓶内开始沸腾并有液体蒸出时，打开滴液漏斗旋塞补充水。调节油浴温度保持每秒蒸出 1~2 滴水。当蒸馏液收集到超过 100 mL 时停止蒸馏，取下收集锥形瓶。

2. 挥发油萃取

将收集液转入分液漏斗中，加入 10 mL 二氯甲烷萃取，收集有机相。水相再用相同方法萃取 2 次。合并 3 次有机相，转入预先装有适量无水硫酸钠(约 2 g)的干燥锥形瓶中，加盖，静置干燥 0.5 h。将干燥的有机相滤入一个干燥的 50 mL 烧杯中。通过蒸馏除去二氯甲烷，称量所得的丁香油，然后计算收集率。

3. 丁香酚的分离纯化

取 1 g 丁香挥发油，溶于 5%氢氧化钾溶液中，用乙醚提取除去非酚性部分。乙醚提取后的碱性溶液用盐酸中和，再次用乙醚提取，萃取得酚性部分。回收乙醚至少量，用硅胶制备薄层纯化，以己烷-乙酸乙酯(85:15)混合液为展开剂，可得到纯净的丁香醇。

(五)注意事项

1. 样品应尽量研碎。

2. 为防止溶液暴沸，三颈烧瓶中溶液不能超过 2/3，且需加入沸石。

3. 控制蒸馏速度不要太快，补充水速度应与馏出速度相当。

（六）思考题

1. 从丁香中提取分离丁香油的原理是什么？

2. 除采用水蒸气蒸馏法提取丁香油外，还可以用什么方法提取？原理是什么？

实验 38　菠菜色素的提取和色素分离

（一）实验目的

1. 学会用有机溶剂提取菠菜中的色素并进行分离，了解从植物中提取有机化合物的一般方法。

2. 了解利用柱层析法分离物质的原理和操作。

（二）实验原理

绿色植物如菠菜中含有叶绿素（绿）、胡萝卜素（橙）和叶黄素（黄）等多种天然色素。

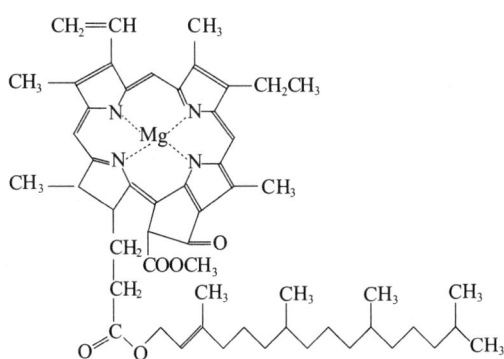

叶绿素A（蓝绿色）　　　　　　　　　叶绿素B（黄绿色）

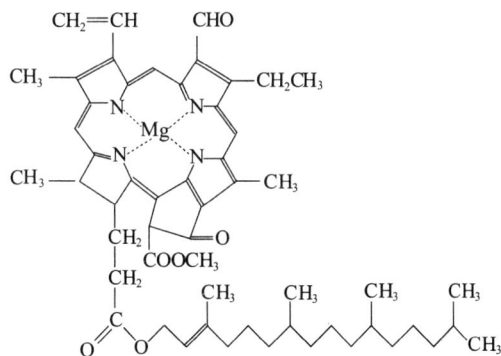

这些色素都是吡咯衍生物与金属镁的络合物，是植物进行光合作用所必需的催化剂。植物中叶绿素 A 的含量通常是叶绿素 B 的 3 倍。尽管叶绿素分子中含有一些极性基团，但大的烃基结构使它易溶于醚、石油醚等一些非极性的溶剂。

β-胡萝卜素是具有长链结构的共轭多烯。它有 3 种异构体，即 α-、β- 和 γ-胡萝卜素，其中 β-胡萝卜素含量最多，也最重要。生长期较长的绿色植物中，异构体中 β-体的含量多达 90%。β-体具有维生素 A 的生理活性，其结构是两分子维生素 A 在链端失去两分子水结合而成。在生物体内，β-胡萝卜素受酶催化氧化即形成维生素 A。目前，β-胡萝卜素已可进行工业生产，可作为维生素 A 使用，也可作为食品工业中的色素。

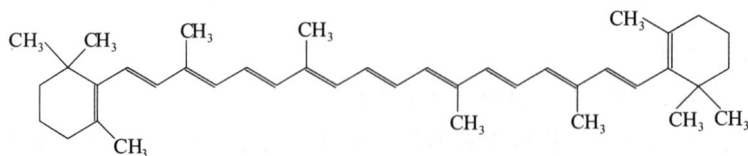

β-胡萝卜素（橙黄色）

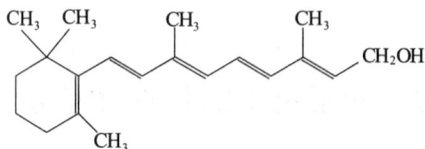

维生素A

（三）仪器与试剂

仪器：研钵、玻璃漏斗、锥形瓶、层析柱和表面皿等。

试剂：石油醚、无水乙醇、饱和氯化钠溶液、无水硫酸钠、中性氧化铝（150~160目）、丙酮等。

（四）实验步骤

1. 浸泡法提取菠菜色素

在研钵中加入 10 g 新鲜菠菜叶（水洗后用滤纸擦干），加入 15 mL 石油醚-无水乙醇（3∶2）混合液，适当研磨（不要研成糊状，否则会给分离造成困难），将提取液用滴管转移到分液漏斗中，反复 3 次，合并提取液，向提取液中加入 10 mL 饱和氯化钠溶液（防止乳化）除去水溶物质，弃去水层（有机层和水层之间的絮层也要分掉），再用蒸馏水洗涤 2 次（每次 10 mL），将有机层转入干燥的小锥形瓶中，加入 2 g 无水硫酸钠干燥（最少 30 min，用玻璃塞盖上，干燥剂不能加入，用玻璃漏斗过滤，但滤纸不能用水润湿），干燥后的液体倾至另一个干燥的小锥形瓶中。在电热套上蒸发浓缩至大约 1 mL。

2. 柱层析

在层析柱中加入 20 cm 高的石油醚。将 20 g 层析用的中性氧化铝（150~160 目），从玻璃漏斗中缓缓加入，小心打开柱下活塞，保持石油醚高度不变，流下的中性氧化铝在柱中堆积。必要时用装在玻棒上的橡皮塞轻轻在层析柱的周围敲击，使吸附剂装得平整致密。柱中溶剂面，由下端活塞控制，不能满溢，更不能干掉。装完后，上面再加一片圆形滤纸，打开下端活塞，放出溶剂，直至中性氧化铝表面剩下 1~2 mm 高为止（注意：在任何情况下，中性氧化铝表面不得露出液面），关闭下端活塞。

将上述菠菜色素的浓缩液，用滴管小心地加到层析柱顶部。加完后，打开下端活塞，使液面下降到柱面以下 1 mm 左右，关闭活塞，加数滴石油醚，打开活塞，使液面下降，重复数次，使色素全部进入柱体。

待色素全部进入柱体后，在柱顶小心加约 1.5 mm 高度的洗脱剂石油醚-丙酮(9∶1，配制 30 mL)溶液。然后在层析柱加洗脱剂。打开下面活塞，让洗脱剂逐滴放出，层析即开始进行，用锥形瓶收集。当第一个有色成分即将滴出时，取另一个锥形瓶收集，得橙黄色溶液，它就是胡萝卜素，约用 30 mL 洗脱剂。

用丁醇-乙醇-水(3∶1∶1，配制 30 mL)洗脱叶绿素 A(蓝绿色)和叶绿素 B(黄绿色)。

菠菜中叶黄素的含量非常低，无须分离叶黄素。

(五)思考题

1. 为什么胡萝卜素在层析柱中移动最快?

2. 用中性氧化铝柱层析来分离对硝基甲苯(1)和对硝基苯胺(2)，下列四个选项中正确的是(　　)。

A. 不行，因为它们分子大小相近

B. (1)先被洗脱下来，因为固定相对极性物质吸附力强

C. (1)先被洗脱下来，因为(1)的沸点低

D. (2)先被洗脱下来，因为(2)是有极性的物质

实验 39　从果皮中提取果胶

(一)实验目的

1. 学习从果皮中提取果胶的基本原理和方法，了解果胶的一般性质。

2. 掌握提取有机物的原理和方法。

(二)实验原理

果胶是一种高分子聚合物，存在于植物组织内，一般以原果胶、果胶酯酸和果胶酸 3 种形式存在于各种植物的果实、果皮以及根、茎、叶的组织中。果胶为白色、浅黄色到黄色的粉末，有非常好的特殊水果香味，无异味，无固定熔点和溶解度，不溶于乙醇、甲醇等有机溶剂中。粉末果胶溶于 20 倍水中形成黏稠状透明胶体，胶体的等电点 pH 值为 3.5。果胶的主要成分为多聚 D-半乳糖醛酸，各醛酸单位间经 α-1,4-糖苷键联结，具体结构式如下。另外，还有中性多糖(如多聚 D-半乳糖和多聚 L-阿拉伯糖)。实际上，果胶是这些多糖的混合物，平均相对分子质量为 50 000~180 000。

果胶在柑橘皮中含量极高，占干质的 20%~30%，提取的果胶经济价值很高。为防止原料的腐烂变质和果胶酶破坏果胶，生产过程以干质原料为主。

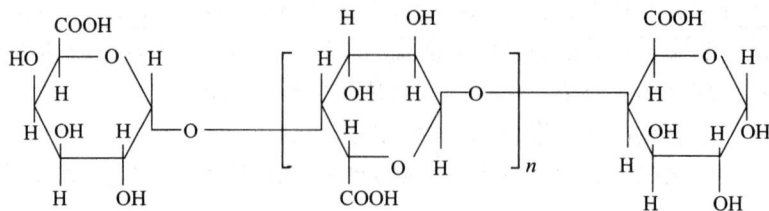

现在常用的果胶提取方法有3种：酸提取法、离子交换法和微生物法。其中，酸提取法包括酸提取法、乙醇沉淀法和酸提取盐沉淀法。在3种提取方法中，酸提取法使用最多，其主要过程为：将原科进行预处理后，用稀盐酸水解，水浴恒温并不断搅拌，然后过滤，将滤液在真空中浓缩，再用乙醇或铁铝盐进行沉淀，以析出果胶。用乙醇沉淀和用铁铝盐沉淀各有优缺点。酸提取乙醇沉淀法生产工艺简单，所得果胶纯度高，色泽好，产率高(20%~30%，以干质计)，但乙醇耗量大；酸提取盐沉淀法成本低，工艺简单，但产量低(7%左右)，且铝盐沉淀颗粒小、难分离，高价铁盐颜色较深，需做脱色处理。本实验采用酸提取乙醇沉淀法提取果胶。

(三)仪器与试剂

仪器：恒温水浴锅、干燥箱、玻璃棒、胶头滴管、纱布、表面皿、烧杯、电子天平、小刀、小剪刀、电子秤等。

试剂：干柑橘皮、稀盐酸、95%乙醇等。

(四)实验步骤

1. 柑橘皮的预处理

称取干柑橘皮20 g，将其浸泡在温水中(60~70℃)约30 min，使其充分吸水软化，并除掉可溶性糖、有机酸、苦味和色素等；把柑橘皮沥干浸入沸水煮沸5 min进行灭酶，防止果胶分解；然后用小剪刀将柑橘皮剪成2~3 mm的颗粒；再将剪碎后的柑橘皮置于流水中漂洗(将果皮颗粒裹在四层纱布里漂洗，每次漂洗都要轻轻挤压干再进行下一次漂洗)，进一步除去色素、苦味和糖分等，漂洗至沥液近无色为止；最后甩干。

2. 酸提取

根据果胶在稀酸下加热可以变成水溶性果胶的原理，把已处理好的柑橘皮放入250 mL的烧杯中，加入50~60 mL水，用稀盐酸(浓盐酸浓度36%~38%，配成稀盐酸浓度0.25%~0.3%)调整pH值为2.0~2.5(用玻璃棒蘸取少量溶液滴于pH试纸上，与比色卡对比)。加盖盖住后放入恒温水浴箱(温度设置为90℃左右)，提取1 h。隔一段时间测量pH值，并及时补充水分和盐酸，维持pH值。趁热用四层纱布过滤，过滤得到果胶提取液。

3. 脱色

将提取液装入250 mL烧杯中，加入脱色剂活性炭；适当加热并搅拌20 min，然后过滤除掉脱色剂。

4. 乙醇沉淀

将提取液用适量(约为滤液体积的 1.3 倍)的 95%乙醇沉淀约 30 min，用四层纱布滤取果胶，乙醇废液回收。

5. 干燥

将果胶置于表面皿上干燥，称重，计算产量。

(五)注意事项

1. 用清水处理柑橘皮主要是为了除去泥土杂质和施用的农药化肥等。

2. 加热柑橘皮的目的是灭酶，以防果胶发生酶解。果胶酶在 50～60℃ 活性最强，所以应先加热至 90℃，再放入橘皮。

3. 漂洗的目的主要是除去色素等，以免影响果胶的色泽和质量。为了提高漂洗的效率和效果，将果皮颗粒裹在四层纱布里漂洗，每次漂洗都要轻轻挤压干再进行下一次漂洗。

4. 玻璃塞盖住锥形瓶是为了防止加热造成水分和盐酸的挥发，进而引起 pH 值的变化。

(六)思考题

1. 简述果胶的应用。

2. 沉淀果胶时，除使用乙醇外，还可以用其他试剂吗？

第6章 综合性实验

实验40 C$_{60}$衍生物的光化学合成和表征

(一)实验目的

1. 了解富勒烯基本化学反应特性。
2. 了解光化学合成,液相柱色谱分离提纯方法。
3. 熟悉核磁共振(NMR)、紫外–可见分光光度法和红外光谱等测试方法的运用。

(二)实验原理

富勒烯(Fullerene)是全部由碳原子组成的一大类分子的总称。其中,最具代表性的富勒烯分子是足球状的C$_{60}$。1985年首次被报道后即引起科学界的轰动。此后,各国学者纷纷投入大量人力物力开展这方面的研究,随后又陆续发现了橄榄状、管状、洋葱状同系物。富勒烯是继石墨、金刚石之后被发现的第三种碳的同素异构体。

与以苯为基础形成芳香族化合物类似,以C$_{60}$为代表的富勒烯成为新一类丰富多彩的有机化合物的基础。富勒烯化合物以其独特的结构与性质在物理学、化学和材料科学等相关学科中开辟了全新的研究领域。以C$_{60}$为代表的富勒烯及其衍生物的制备、性质研究是富勒烯科学的一个重要分支,在富勒烯的开发应用中占有重要位置。

C$_{60}$被认为是三维欧几里得空间可能存在的对称性最高、最圆的分子。C$_{60}$分子的表面由12个五边形和20个六边形组成,整个分子的外形为具有60个顶点的球形32面体,其分子属I$_h$点群,60个碳原子全部等价,每个碳原子周围只有3个碳原子。上述性质使C$_{60}$分子非常坚固和稳定,它可以27 000 km/h的速度与刚性物体相撞而不破裂;在常压、空气条件下,C$_{60}$固体加热到450℃才开始燃烧。富勒烯类新材料的许多不寻常特性几乎都可以在现代科技和工业部门中获得实际应用,在润滑剂、催化剂、研磨剂、高强度碳纤维、半导体、非线性光学材料、超导材料、光导体、高能电池、燃料、传感器、分子器件等许多领域都具有潜在应用价值。

C$_{60}$分子的成键特征比金刚石和石墨更复杂。由于球状表面的弯曲效应和五元环的结构,引起分子杂化轨道的变化。与石墨相比,π电子轨道不再是纯的p原子轨道,而是含有部分s轨道的成分,因此C$_{60}$分子中C原子的杂化轨道介于sp^2(石墨晶体)和sp^3(金刚石晶体)杂化之间。C$_{60}$分子中每个碳原子以sp$^{2.28}$杂化形成3个σ键,再以s$^{0.09}$p杂化形成离域π键,σ键沿球面方向,而π键分布在球的内外表面,从而形成具有芳香性的球状分子。与苯分子中所有化学键等长，所不同的是，C_{60} 分子的化学键分为两类，长键(五元环与六元环间)键长为 146 pm，短键(两个六元环间)键长为 139 pm(与苯环中的碳碳键长相同)。C_{60} 分子的这种结构使其比苯更易于发生加成反应，生成一系列的加成化合物。

由于 C_{60} 分子是一个非极性分子，只在一些芳香性溶剂中有一定溶解度，但在极性有机溶剂中溶解度很小，在水中的溶解度则几乎为零，这在很大程度上限制了它的应用。氨基酸有很强的亲水性，它与 C_{60} 通过加成反应生成的衍生物能溶于水，该类化合物在生命科学领域有重要意义。如 Wudl 等人合成了一个水溶性 C_{60} 衍生物，发现该衍生物对 HIV 蛋白酶有一定的抑制作用。参考文献报道的氨基酸与 C_{60} 的反应，要么采取氨基酸先与一个辅助试剂反应，生成活性中间体，然后与 C_{60} 反应，如 Prato 等人报道的 1,3-偶极加成，就是氨基酸先与醛反应生成中间体，再与 C_{60} 反应；要么是用已有的衍生物上的官能团进一步与氨基酸反应，如 Wudl 等人报道的第一个 C_{60} 多肽衍生物。

本实验将亚氨基二乙酸甲酯在光照条件下直接与 C_{60} 反应，选择性地生成单加成衍生物。这一方法可推广应用到其他一系列 C_{60} 多氨多羧酸衍生物的合成。亚氨基二乙酸甲酯与 C_{60} 的光化学反应方程式如下：

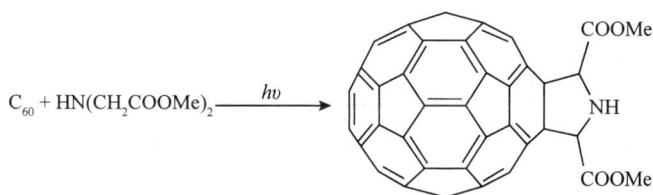

C_{60} 的 1,2-加成有两种可能的机理，一种是单电子加成，另一种是自由基加成。前者如 Wudl 等人最先报道的胺类化合物与富勒烯的加成反应如下：

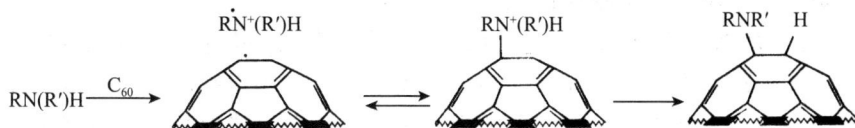

这是一个典型的单电子转移反应机理，氮上的孤对电子首先转移一个给 C_{60}，从而生成上面机理中第一步产物的离子对，该离子对进一步转化将氮上的氢原子转移到 C_{60} 上。反应最后结果是 C_{60} 打开一个双键生成一个简单的 1,2-加成产物。

上面的机理显然不能解释本实验的结果。本实验的产物含有一个吡咯环，氮原子并不直接与 C_{60} 球成键。一个可能的机理如下：

$$MeOOCCH_2 \overset{+}{NHCH_2COOMe} \xrightarrow{-H^+} MeOOCCH_2 \overset{\cdot}{N}CH_2COOMe$$

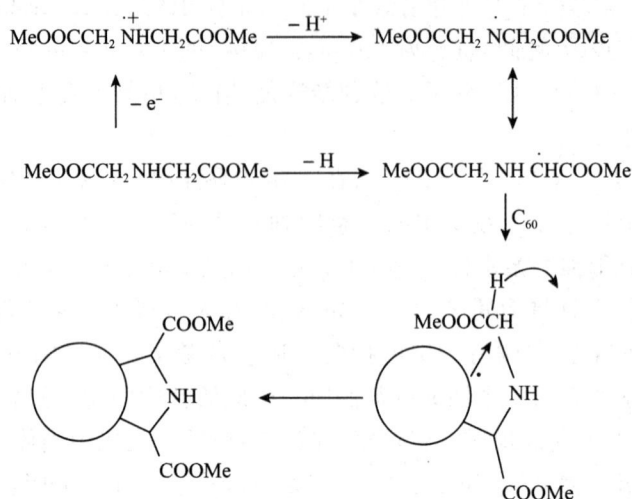

该机理与前一机理的最大差别在于第一步进攻 C_{60} 球的是碳而不是氮。在氨基酸中由于既有氨基的推电子作用，又有羧基的拉电子作用，因此以碳为中心的自由基可以稳定存在。

有关光化学原理请参阅文献。

(三)仪器与试剂

仪器：红外光谱仪、紫外-可见分光光度计、旋转蒸发仪、电子天平、超声波清洗器、电磁搅拌器、灯箱、色谱柱、回流冷凝管、磨口圆底烧瓶、烧杯、锥形瓶、量筒、站架、烧瓶夹、不锈钢药匙、滴管、双连球等。

试剂：C_{60}（纯度98%）、亚氨基二乙酸、甲苯、无水甲醇、氢氧化钠、盐酸、二氯亚砜、氘代氯仿、柱层析用 200~300 目硅胶等。

(四)实验步骤

1. 亚氨基二乙酸甲酯盐酸盐的合成

将 1.0 g 亚氨基二乙酸和 10 mL 无水甲醇加入一个 25 mL 磨口圆底烧瓶中，搅拌下慢慢滴入 8 滴二氯亚砜（约 0.4 mL），滴加过程中会产生大量盐酸气。用水浴加热回流 2 h，于旋转蒸发仪上蒸干，所得固体即为亚氨基二乙酸甲酯盐酸盐，可直接用于下步反应。

2. C_{60} 的光化学合成

（1）在 50 mL 烧杯中将亚氨基二乙酸甲酯盐酸盐（2.0 mmol）与等物质的量的氢氧化钠固体混合，加入约 10 滴水溶解，再加入 15 mL 甲醇，超声致出现混浊，将 pH 试纸用蒸馏水弄潮后测定该溶液的 pH 值，应为 8.5 左右，若超出可用氢氧化钠固体或稀盐酸调节。

（2）称取 70 mg C_{60}，置于 250 mL 圆底锥形瓶中，加入 100 mL 甲苯超声使 C_{60} 全部

溶解，加入上面亚氨基二乙酸甲酯甲醇溶液，摇动使其混合均匀。此时溶液应为紫色，如为棕色可再加少量甲苯使其变回紫色。制备好的溶液为混浊状。

（3）将反应瓶光照至溶液由紫色完全消失，变为红色（小于 60 min），反应过程中应适当摇动反应液。

（4）反应完毕加入 5 mL 蒸馏水于反应瓶中，摇动，用一个滴管分离除去水相，有机相用旋转蒸发仪蒸干，固体加入 20 mL 甲苯，经超声波处理，分出清液，若仍有固体未溶，可再用 20 mL 甲苯萃取。

3. C_{60} 和衍生物的柱层析分离和收率的测定

（1）在色谱柱中加入 30 mL 甲苯，将硅胶用甲苯浸润后再慢慢倒入色谱柱，装柱时应避免气泡留在硅胶上。装好后检查硅胶上有无明显气泡和缺陷，如有可用双连球加压使甲苯快速从活塞流出以赶出气泡，或取下硅胶柱适当摇动。打开旋塞，放出上层甲苯，当甲苯液面逐渐下降至硅胶柱上层平面后，关上旋塞硅胶高度 4~5 cm。用一个滴管从色谱柱柱壁慢慢加入前面反应的萃取液，待全部加完后，打开旋塞。当萃取液液面逐渐下降至硅胶柱上层平面时，再加甲苯淋洗，若淋洗速度太慢，可用双连球加压。按色带分别收集未反应的 C_{60} 和反应产物。

（2）用紫外–可见分光光度计分别测定未反应 C_{60} 和反应产物甲苯淋洗液浓度并计算 C_{60} 和产物质量。由于富勒烯及其衍生物吸光度都很大，测定时需要进行稀释。标准曲线由实验课教师提供。

4. 产物的表征

（1）用旋转蒸发仪分别蒸干 C_{60} 和产物的甲苯淋洗液。

（2）测定 C_{60} 和产物的红外光谱。

（3）产物的氢核磁共振（^{1}HNMR）谱。

5. 实验结果和讨论

（1）计算 C_{60} 转换率和产物产率。

（2）根据 C_{60} 和产物的红外光谱图，分析讨论氨基酸与 C_{60} 加成反应的结果及产物结构。

（3）根据 C_{60} 和产物的紫外可见光谱图，分析讨论氨基酸与 C_{60} 加成反应的结果及产物结构。

（4）分析产物的核磁共振谱图，讨论氨基酸与 C_{60} 加成反应产物的结构。

（五）注意事项

1. 甲醇对眼睛有害，富勒烯的毒性目前尚不十分清楚，应尽量避免直接接触皮肤。

2. 反应要在通风橱中进行，光照一段时间后反应液温度会逐渐升高至沸腾，此时应打开灯箱上的风扇适当降温；但温度太低也不利于反应进行。

（六）思考题

1. 实验步骤 2(1)中，为什么需弄潮 pH 试纸后再测 pH 值？溶液 pH 值过高或过低各有什么影响？

2. 实验步骤 2(2) 中，什么情况下会出现棕色？棕色物质是什么？

3. 预测产物的碳-13 核磁共振(^{13}CNMR)谱图。

4. 在所得产物上再加一个相同的取代基，会产生多少种异构体？

实验 41　二茂铁及其衍生物的合成、分离和鉴定

(一)实验目的

1. 合成二茂铁，掌握无机合成中惰性气氛的操作技术。

2. 由二茂铁合成乙酰二茂铁和钨硅酸二茂铁。

3. 用柱色谱法提纯乙酰二茂铁，用薄层色谱法确定柱色谱的淋洗剂。

4. 用熔点法、红外光谱法和核磁共振法鉴定产物。

(二)实验原理

二茂铁是一种很稳定而且具有芳香性的金属有机化合物。它不仅在理论和结构研究上有重要意义，而且有很多的实际应用。自从 1951 年 Kealy T. J. 和 Pausen P. L. 合成二茂铁以来，该类化合物有了很大的发展。

二茂铁为橙色晶体，有樟脑气味，熔点 173～174℃，沸点 249℃，在高于 100℃ 时就容易升华。它能溶于大多数有机溶剂，但不溶于水。

制取二茂铁的方法很多。本实验是以二甲亚砜为溶剂，用氢氧化钠作环戊二烯的脱质子剂(环戊二烯是一种弱酸，$pK_a \approx 20$)，使它变成环戊二烯负离子($C_5H_5^-$)，然后与氯化亚铁反应生成二茂铁，反应式为：

$$Fe^{2+} + 2C_5H_5^- \longrightarrow Fe(C_5H_5)_2$$

二茂铁的茂基具有芳香性，能发生多种取代反应。本实验在磷酸催化下，由乙酸酐与它发生亲电取代反应制取乙酰二茂铁。

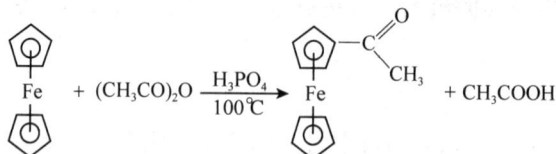

二茂铁容易氧化成蓝色二茂铁离子 $Fe(C_5H_5)_2^+$，它是体积很大的阳离子，只有当它遇到体积很大的阴离子时才会成难溶盐。所以，在二茂铁离子溶液中加入十二钨硅酸 $H_4[Si(W_3O_{10})_4]$ 即可形成钨硅酸二茂铁沉淀。合成钨硅酸和钨硅酸二茂铁有关反应为：

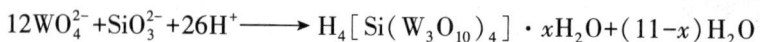

$$12WO_4^{2-} + SiO_3^{2-} + 26H^+ \longrightarrow H_4[Si(W_3O_{10})_4] \cdot xH_2O + (11-x)H_2O$$

$$4Fe(C_5H_5)_2^+ + [Si(W_3O_{10})_4]^{4-} \longrightarrow [Fe(C_5H_5)_2]_4[Si(W_3O_{10})_4] \downarrow$$

(三)仪器与试剂

仪器:红外光谱仪、高分辨核磁共振波谱仪等。

试剂:氢氧化钠、氯化亚铁、浓硫酸、浓盐酸、6 mol/L 盐酸、85%磷酸、无水氯化钙、碳酸氢钠、溴化钾、Na$_2$WO$_4$·2H$_2$O、Na$_2$SiO$_2$·9H$_2$O、硅胶 G(薄层色谱用)、硅胶(柱色谱用,80~200 目)、环戊二烯、二甲亚砜、乙酸酐、二氯甲烷、甲苯、石油醚(60~90℃)、乙醚、乙酸乙酯、四氯化碳等。

(四)实验步骤

1. 合成二茂铁

(1)将 25 g 氢氧化钠和 17 g 氯化亚铁预先分别用研钵研细(直径小于 0.5 mm)。要尽量减少氢氧化钠和氯化亚铁粉末暴露在空气中的时间,因此研磨的速度要快,而且研好的粉末要盛放在密闭容器中。

(2)由于环戊二烯容易发生二聚作用,使用前需用热解法使其解聚。方法为:在 100 mL 烧瓶内盛放约 30 mL 环戊二烯,用分馏装置进行分馏,收集低于 44℃的馏分(环戊二烯单体和二聚体的沸点分别为 42.5℃和 170℃)新蒸出的环戊二烯必须在 2~3 h 内使用。

(3)将磁力搅拌棒、100 mL 二甲亚砜①和已研细的氢氧化钠粉末放入 250 mL 三颈烧瓶内。一瓶口用带有尖嘴玻璃管的橡皮塞塞住,另一瓶口与带 T 形管的起泡器(内装浓硫酸)和氮气钢瓶相连,中间的瓶口装上滴液漏斗(图 6-1)。开动磁力搅拌器同时开始通入氮气。10 min 后通过滴液漏斗将 14 mL 环戊二烯逐滴地加入烧瓶。反应液呈红色。反应 15 min 后分批(约 8 批)从三颈烧瓶的左口加入已研细的氯化亚铁粉末,约 40 min 内加完。再剧烈搅拌 100 min,反应结束,停止通入氮气。

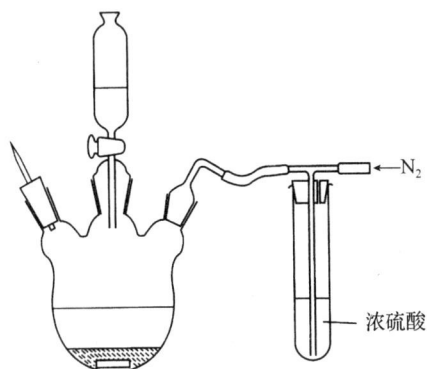

图 6-1　制备二茂铁的装置

(4)将反应物注入 150 mL 6 mol/L 盐酸和 100 g 冰的混合物中,搅拌 30 min,有黄色固体析出。吸滤,用水充分洗涤,风干,称量,计算产率。

2. 合成乙酰二茂铁

置已研细的 3 g 二茂铁和 10 mL 乙酸酐于 50 mL 锥形瓶中,在搅拌下逐滴加入 2 mL 85%磷酸。用无水氯化钙干燥管保护混合物,在沸水浴上加热 10 min。然后将其倾倒在盛有 60 g 碎冰的 400 mL 烧杯中。不断地搅拌,待冰融化后,小心地加入固体碳酸氢钠

---

① 若室温较低,二甲亚砜易凝固,特别是在加入环戊二烯之后更易凝结,必要时要用热水温热。

中和反应物至无二氧化碳逸出(要避免溶液溢出和硫酸氢钠过量)。在冰浴上冷却 30 min。吸滤，用水洗至滤出液呈浅橙色，风干。该反应物中除乙酰二茂铁外还含有未反应的二茂铁及其他杂质，需进一步分离提纯。

3. 合成钨硅酸二茂铁

(1)合成十二钨硅酸。将 25 g $Na_2WO_4 \cdot 2H_2O$ 和 1.8 g $Na_2SiO_3 \cdot 9H_2O$ 溶于 55 mL 水中，在磁力搅拌器上剧烈地搅拌并加热。当溶液微沸时，用滴液漏斗逐滴加入 15 mL 浓盐酸(滴加速度 1 mL/min)。冷却后再加入 12 mL 浓盐酸，然后在分液漏斗中把该溶液与 18 mL 乙醚一起振荡(如果不形成 3 个相，再加入少量乙醚)。分离出底层油状的乙醚络合物，弃去其余两相。将乙醚络合物、6 mL 浓盐酸、13 mL 水和 5 mL 乙醚在分液漏斗中再次振荡，将下层液相放入蒸发皿，置于通风良好的通风柜内蒸发 1~2 d。析出的淡黄色晶体在 70℃烘箱内干燥 2 h。在此条件下烘干的钨硅酸分子含有 7 个结晶水，以此计算产率。注意：合成过程中要避免钨硅酸溶液和潮湿的晶体与任何金属接触，否则它们会变蓝色。

(2)合成钨硅酸二茂铁。将 0.5 g 二茂铁溶解在 10 mL 浓硫酸中，充分反应 30 min 后，将其注入 150 mL 水中。搅拌所得蓝色溶液几分钟，过滤除去析出的硫。再将 2.5 g 十二钨硅酸溶解在 20 mL 水中，把所得溶液加入二茂铁硫酸溶液中，即生成淡蓝色的钨硅酸二茂铁沉淀。过滤，用水洗涤，在空气中干燥。计算产率。

4. 薄层色谱

本实验用柱色谱法把上面所制得的乙酰二茂铁及未反应的二茂铁从粗产品中分离出来。为了确定柱色谱法要用的淋洗剂，先进行薄层色谱试验。

(1)制备薄层色谱板。将两片已洗净且干燥的载玻片(2.5 cm×7.5 cm)重叠在一起，尽可能地浸入硅胶 G 的二氯甲烷悬浊液中(100 mL 二氯甲烷中加 35 g 硅胶 G，使用前需强烈搅拌)，以快而平稳的动作将其拉出。小心地分开载玻片，将薄层面朝上平放在磁盘上让其干燥。拉成功的色谱板，硅胶层应该薄而均匀。

用上述方法制备 6 片薄层色谱板。

(2)用细玻璃管拉制两根微量滴管(尖端处直径约 0.7 mm)。

(3)用少量的纯二茂铁和乙酰二茂铁粗产品分别溶于 2 mL 甲苯中，配成它们的浓溶液。

(4)把微量滴管浸入二茂铁溶液，然后在色谱板上轻轻点触，产生直径小于 3 mm 的斑点，此斑点距层析板边沿应超过 6 mm。如果溶液较稀而导致斑点不明显，待甲苯挥发后，在同一位置再点触一次。用同样方法在二茂铁斑点旁边点触乙酰二茂铁斑点(图 6-2)。

(5)在 5 个色谱槽中分别加入下列可供选择的溶剂：①石油醚(60~90℃)；②甲苯；③二氯甲烷；④乙醚；⑤乙酸乙酯。溶剂在槽内的高度为 3~4 mm。将色谱板插入槽内，盖上盖子。等溶剂上升到色谱板约 3/4 高度时，取出色谱板，并立即标记溶剂所达到的高度。

(6)根据化合物移动的距离(d_i)和溶剂前沿移动的距离(d_s)，计算二茂铁和乙酰二茂铁在各种溶剂中的比移值 R_f($R_f = d_i/d_s$)。据此为柱色谱法选择合适的淋洗剂。如果某种溶剂对某一组分 R_f 值很大，而对另一组分 R_f 值较小，该溶剂就能使两组分在柱上获得良好的分离效果。或者，也可选择两种溶剂进行分离。一种溶剂对某一组分 R_f 值很大，对另一组分 R_f 值很小，这样，该溶剂可使前一组分很快地从柱上洗脱，然后用另一种对两组分 R_f 值都很大的溶剂，洗脱剩下的组分。一般来说用两种溶剂进行淋洗，可节约溶剂和时间。

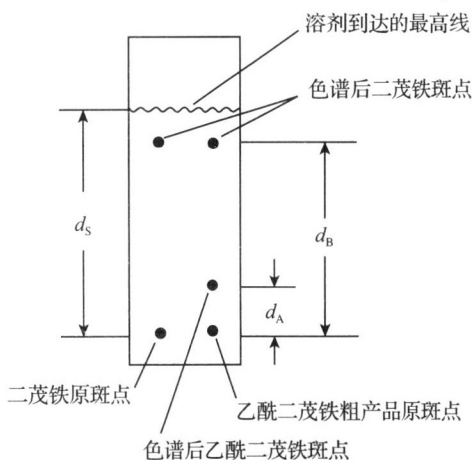

图 6-2 薄层色谱

5. 柱色谱

（1）色谱柱为内径 1.5 cm、高 30 cm 的玻璃管，下端装有旋塞。用玻璃棒将一小团玻璃纤维推至柱底。加入 15 mL 经薄层色谱选定的溶剂。

（2）在 100 mL 烧杯中配制选定的溶剂和硅胶（80~200 目）的悬浊液。将其倒入柱中直至硅胶的高度约 15 cm。打开色谱柱旋塞，使溶剂高度与硅胶高度持平（在整个色谱过程中决不允许溶剂高度低于硅胶高度）。

（3）用滤纸剪一个直径比色谱柱略小的圆片。用玻璃棒把它推入色谱柱，使其盖住硅胶的表面。

（4）用约 5 mL 选定的溶剂将乙酰二茂铁粗产品配成悬浊液。仔细地将其移入柱中，打开旋塞，使柱内液面高度再次与硅胶持平。

（5）在尽可能无湍流的情况下，将选定的溶剂分批加入柱中并打开旋塞，使溶剂以每秒 1 滴的流速流出。根据二茂铁和乙酰二茂铁的颜色不同，分别收集。

（6）用减压蒸馏法分别蒸干收集到的两份溶液，称量。计算乙酰二茂铁的产率和二茂铁的回收率。蒸馏得到的纯溶剂可回收利用。

6. 产品鉴定

（1）分别测定二茂铁和乙酰二茂铁的熔点，并与文献值（二茂铁 173~174℃；乙酰二茂铁 85~86℃）进行比较。

（2）分别用溴化钾压片法测定二茂铁和乙酰二茂铁的红外光谱，与文献的标准图谱进行比较，并指出特征吸收峰的归属。

（3）分别配制二茂铁和乙酰二茂铁 $\omega=5\%$ 的四氯化碳溶液，拍摄核磁共振谱，并指出各峰的化学位移及其归属。

（五）思考题

1. 合成二茂铁为什么要在惰性气氛中进行？合成乙酰二茂铁为什么要用无水氯化钙干燥管来保护？

2. X 射线的衍射数据表明，二茂铁分子是中心对称的，而二茂铑分子不是中心对称的，基于该结果，试对两者的结构做出说明。

3. 分别用150℃加热8 h的硅胶和暴露在大气中数天的硅胶装柱，淋洗时乙酰二茂铁在哪种柱上移动的速度较快？为什么？

4. 在十二钨硅酸分子结构中(结晶水除外)，有多少种不同结构的氧原子？每种结构中包含多少个氧原子？

实验42　植物叶绿体色素的提取、分离、表征及含量测定

(一)实验目的

利用化学手段提取和纯化植物叶片中的叶绿素、胡萝卜素色素，并用光谱技术(导数分光光度法、同步荧光法)和高效液相色谱法进行表征和含量测定，让学生初步掌握天然产物的分离提取、鉴定及含量测定等实验技术，提高综合实验能力。

(二)实验原理

高等植物体内的叶绿体色素有叶绿素和类胡萝卜素两类，主要包括叶绿素 A($C_{55}H_{72}O_5N_4Mg$)、叶绿素 B($C_{55}H_{70}O_6N_4Mg$)、β-胡萝卜素($C_{40}H_{56}$)和叶黄素($C_{40}H_{56}O_2$)4 种。叶绿素 A 和叶绿素 B 为吡咯衍生物与金属镁的络合物，β-胡萝卜素和叶黄素为四萜类化合物。根据它们的化学特性，可将它们从植物叶片中提取出来，并通过萃取、沉淀和色谱方法将它们分离开来。

叶绿素 A 和叶绿素 B 的分子结构相似，它们的吸收光谱、荧光激发光谱和发射光谱重叠，用常规分光光度法和荧光方法难以实现其同时测定。但利用一阶导数光谱技术和同步荧光技术，可消除叶绿素 A 和叶绿素 B 的光谱干扰，同时测定它们的含量。

高效液相色谱是在高效分离的基础上对各个色素进行测定的，对叶绿素和胡萝卜素等天然产物的分析测定是一种非常有效的手段。

(三)仪器与试剂

仪器：DU-7HS 型或其他类型具有导数功能的自动扫描式分光光度计、荧光分光光度计、TSP 高压梯度 HPLC 仪等。

试剂：叶绿素 A、叶绿素 B 和 β-胡萝卜素、甲醇(优级纯)、乙腈(优级纯)等。

(四)实验步骤

1. 叶绿体色素的提取和色谱分离

(1)叶绿体色素的提取。称取 10 g 干净的新鲜绿叶蔬菜(如菠菜等)，剪碎后放入研钵，加入 0.5 g 碳酸镁，将菜叶粗捣烂后加入 20 mL 丙酮，迅速研磨 5 min。倒入不锈钢网滤器过滤，残渣再研磨提取 1 次。合并滤液，转入预先放有 20 mL 石油醚的分液

漏斗中，加入 5 mL 饱和氯化钠溶液和 45 mL 蒸馏水，摇匀，使色素转入石油醚层。再用 50 mL 蒸馏水洗涤石油醚层 2 次。向石油醚色素提取液中加入无水硫酸钠除水，并进行适当浓缩，约得 10 mL 提取液。

(2)纸色谱。采用 1# 色谱滤纸，展开剂用四氯化碳、石油醚-乙醚-甲醇(30∶1.0∶0.5)。展开方式可以采用上升法、下降法或辐射法等。如为制备少量天然叶绿素 A 和叶绿素 B 纯品，最好采用辐射法。用毛细管在直径为 11 cm 滤纸中心重复点样 3~4 次，斑点约 1 cm。吹干后，另在样品斑中心点加 1~2 滴展开剂，让样品斑形成一个均匀的样品环。沿着样品环中心穿一个直径约为 3 mm 的洞，做一条 2 cm 长的滤纸芯穿过。取一对直径为 10 cm 的培养皿，其中一个倒入约 1/3 的石油醚-乙醚-甲醇展开剂，放上层析滤纸，盖上另一培养皿，展开。

纸色谱分离后，分别将各个色带剪下，用丙酮-水溶液(90∶10)溶出，以备配制色素标准液时使用。

(3)硅胶薄层色谱。采用 5 cm×20 cm 硅胶板，105℃活化 0.5 h。展开剂为石油醚-丙酮-乙醚(3∶1∶1)。

(4)氧化铝柱色谱。在直径为 1.0 cm 的加压色谱柱底部放少量的玻璃丝，分别加入 0.5 cm 高的海沙、10 cm 高的色谱中性氧化铝(250 目)和 0.5 cm 高的海沙。加入 25 mL 石油醚，用双连球打气加压浸湿氧化铝填料。整个洗脱过程应保持液面高于氧化铝填料。将 2.0 mL 植物色素提取液加到色谱柱顶部。流完后，再加少量石油醚洗涤，使色素全部进入氧化铝柱体。加入 25 mL 石油醚-丙酮(9∶1)溶液，适当加压洗脱出第一个有色组分——橙黄色的 β-胡萝卜素溶液。

然后约用 50 mL 石油醚-丙酮(7∶3)溶液洗脱出第二个黄色带——叶黄素溶液和第三个色带——叶绿素 A(蓝绿色)。最后用石油醚-丙酮(1∶1)溶液洗脱叶绿素 B(黄绿色)组分。收集各色带后，放入棕色瓶低温保存。

(5)样品纯度的鉴定。色谱法分离得到的样品组分，可用吸收光谱(400~700 nm)和荧光光谱进行表征和鉴定。其纯度可通过薄层色谱和后面实验的 3 种测定技术进行测定。

2. 叶绿素 A 和叶绿素 B 的同时测定

(1)标准溶液系列的配制。应用多波长分光光度法确定用纯品试剂配制或用经分离提纯液配制的标准液的浓度。计算公式为：

叶绿素 A：$\qquad c(\mu g/mL)=9.78A_{662}-0.99A_{644}$

叶绿素 B：$\qquad c(\mu g/mL)=21.43A_{644}-4.65A_{662}$

式中，吸光度 A 的下标为测定波长。标准溶液系列均采用丙酮-水(9∶1)溶液配制，一般采用 5 种不同浓度的标准溶液绘制工作曲线。

(2)样品试液的制备。样品可以是各种绿色植物叶片，一般取自市场购买的新鲜蔬菜。取 0.5 g 左右干净新鲜去脉的菜叶，准确称量，剪碎，置于研钵中，加入 0.10 g 固体碳酸镁和 3 mL 丙酮-水(9∶1)溶液，研磨至浆状。沥出离心分离。重新研磨提取直至残余的植物组织无色为止。上层清液收集在 50 mL 容量瓶中，以丙酮-水(9∶1)溶液定容。每份样品应同时提取 2 份。

(3)导数分光光度法测定。

①测绘叶绿素 A、叶绿素 B 的吸收光谱(600~700 nm)和一阶导数谱图，确定其导数测定波长，参比溶液为丙酮-水(9∶1)溶液。

②绘制叶绿素 A 和叶绿素 B 的工作曲线。对 5 种不同浓度的叶绿素 A 和叶绿素 B 系列标准溶液在确定的波长处进行一阶导数光谱测定，用计算机求出各自工作曲线的拟合方程和相关系数。

③测定实际样品溶液的叶绿素 A 和叶绿素 B 含量，换算出蔬菜叶片中它们的含量。

3. 同步荧光法测定

(1)荧光激发和发射光谱的测绘。

叶绿素 A(160 ng/mL)：采用 428 nm 激发波长，在 600~800 nm 扫描其荧光发射光谱；采用 667 nm 发射波长，在 350~600 nm 扫描其荧光激发光谱。

叶绿素 B：采用 457 nm 激发波长，在 600~800 nm 扫描其荧光发射光谱；采用 650 nm 发射波长，在 350~600 nm 扫描其荧光激发光谱。

(2)同步荧光光谱的测绘。用 $\Delta\lambda = 258$ nm 在激发波长 350~600 nm 进行同步扫描，得叶绿素 A 的同步荧光光谱；用 $\Delta\lambda = 193$ nm 在激发波长 350~600 nm 进行同步扫描，得叶绿素 B 的同步荧光光谱。

(3)工作曲线。以 $\Delta\lambda = 258$ nm 对系列叶绿素 A 标准溶液进行同步扫描；以 $\Delta\lambda = 193$ nm 对系列叶绿素 B 标准溶液进行同步扫描。由同步荧光峰信号对浓度绘制成工作曲线。

(4)菜叶中叶绿素 A 和叶绿素 B 的测定。实际样品试液经适当稀释，直接测定同步荧光峰强度，计算出菜叶中叶绿素 A 和叶绿素 B 的含量。

4. 高效液相色谱法测定

(1)色谱条件试验。色谱柱为 C_{18}(ϕ4.0 mm×200 mm，5 μm)，另加 1 支 ϕ20 mm C_{18} 的保护柱。流动相为二氯甲烷-乙腈-甲醇-水(20∶10∶65∶5)溶液，流速为 1.5 mL/min，检测波长为 440 nm 和 660 nm。进样体积为 20μL。注入混合标准化合物试液，分析记录的色谱图，确定出峰顺序。

(2)工作曲线的绘制。分别注入 0.20 mg/mL，0.40 mg/mL，0.60 mg/mL，0.80 mg/mL 和 1.00 mg/mL 混合色素标准溶液进行色谱分析，绘制各个色素的浓度-峰面积工作曲线。为提高各个组分的检测灵敏度，可设定一个检测波长-时间程序进行检测。

(3)实际样品测定。实际样品试液经 0.2 μm 针头式过滤器直接进样分析。根据保留值定性，对照工作曲线计算各组分含量。

5. 实验结果和讨论

(1)观察提取过程溶液的颜色情况，并根据化合物的特性分析色素的去处。

(2)记录色谱分离谱图，包括斑点的颜色和形状，展开时间及前沿形状，计算比移值，确定各色素组分。

(3)对制备纸色谱和氧化铝柱色谱收集到的各种色素进行吸收光谱扫描(400~700 nm)，确定为何种化合物及纯度。

(4)讨论叶绿素 A 和叶绿素 B 的光谱特性。确定可供测定叶绿素 A 和叶绿素 B 的导数波长。分别测量在 646 nm 和 635 nm 两波长处的一阶导数值,用于绘制叶绿素 A 和叶绿素 B 的工作曲线,并求出它们的拟合方程和相关系数。由于在 646 nm 波长处叶绿素 B 的一阶导数值为零,而在 635 nm 波长处叶绿素 A 的一阶导数值为零,因而两者的测定互不干扰。

(5)讨论叶绿素 A 和叶绿素 B 的荧光激发、发射光谱和同步荧光光谱。分别以 Δλ = 258 nm 和 193 nm 扫描得到的同步荧光峰信号,绘制叶绿素 A 和叶绿素 B 的工作曲线,并求出它们的拟合方程和相关系数。

(6)讨论样品组分的出峰顺序和对比 2 个波长的色谱图。绘制叶绿素 A 和叶绿素 B 的工作曲线,并求出它们的拟合方程和相关系数。

(7)计算各样品的叶绿素 A 和叶绿素 B 的实际含量和叶绿素 A 和叶绿素 B 的比值。比较同一样品 3 种方法的测定结果,讨论它们的优缺点。

(五)注意事项

1. 叶绿体色素对光、温度、氧气、酸碱及其他氧化剂都非常敏感。色素的提取和分析一般都要在避光、低温及无干扰的情况下进行。提取液不宜长期存放,必要时应抽干充氮避光低温保存。

2. 在导数分光光度法测定时,各组测得的最大吸收波长和一阶导数测定波长可能略有不同,应以自己测得的为准。

3. 色素提取液可能含有不溶物(如植物组织),色谱分析时必须除去,否则将缩短色谱柱寿命。实验过程采用保护柱和针头过滤器保护色谱柱。

4. 每完成一种试液分析后,应用丙酮等溶剂将液池和进样注射针筒彻底清洗干净,否则会有样品残留,影响下一个样品的分析。

(六)思考题

1. 绿色植物叶片的主要成分是什么?一般天然产物的提取方式有哪些?

2. 色谱法是一种高效分离技术,其"高效性"在于独特的色谱分离过程。结合本实验观察到的植物色素分离过程,联想和体会气相色谱法和高效液相色谱法的分离过程。

3. 试比较叶绿素、胡萝卜素和叶黄素 3 种色素的极性,为什么胡萝卜素在氧化铝色谱柱中移动最快?

4. 为何在 646 nm 和 635 nm 波长处叶绿素 B 和叶绿素 A 的一阶导数值分别为零?试从吸收光谱与一阶导数谱图的关系加以解释。

5. 叶绿素同步荧光光谱和常规荧光光谱相比,有什么不同?能否只用一次同步扫描完成叶绿素 A 和叶绿素 B 的测定?

6. 在高效液相色谱法中,采用双波长检测有什么好处?如何确定色谱峰的纯度?

7. 对比同一份植物叶片试液的 3 种分析结果,简述导数分光光度法、同步荧光法和高效液相色谱法的特点。

实验 43 2,4-戊二酮的合成及互变异构平衡研究

(一)实验目的

了解 2,4-戊二酮的合成及互变异构平衡的核磁共振测定方法，训练正确使用文献资料，综合运用有机合成方法及仪器分析的能力，通过实验，加深对碳负离子缩合反应、化学平衡移动等基础理论知识的理解，学会自己解决实验中遇到的实际问题。

上述实验目的可通过文献实验、2,4-戊二酮的合成和2,4-戊二酮互变异构的核磁共振测定 3 个单元实验实现。

(二)实验原理

2,4-戊二酮的合成方法很多，例如，丙酮与乙酸乙酯在钠、氨基钠、乙醇钠及碱金属氢氧化物存在下缩合；丙酮与乙酸酐在三氟化硼存在下反应；乙酸异丙烯酯的热解；在金属镁存在下，乙酸乙酯与乙酸酐加热反应；二乙酰乙酸甲酯(乙酯)经酸处理；4-羟基-2-戊酮在雷尼镍存在下脱氢；丙酮烯胺与乙酸酐(或乙酰氯)反应等十余种方法。通过查阅《有机合成》《有机制备手册》等资料，可以查到一些方法，但系统查阅应使用《化学文摘》(*Chemical Abstracts*，CA)。

已知一个目标化合物，要通过《化学文摘》查其合成方法，一般宜从主题索引(subject index，1972 年后为 chemical substances index)入手，也可使用分子式索引(formula index)，这些索引的使用方法见有关专著介绍。

为对不开展文献实验者提供参考方法，拟推荐乙醇钠法，以供合成样品，研究互变异构时使用，继续后面的实验。

乙醇钠法是在乙醇钠存在下，由丙酮和乙酸乙酯进行混合克莱森缩合反应：

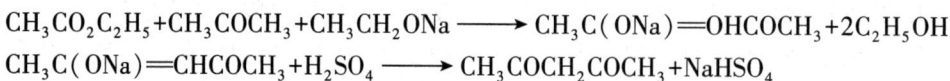

$$CH_3CO_2C_2H_5 + CH_3COCH_3 + CH_3CH_2ONa \longrightarrow CH_3C(ONa)=OHCOCH_3 + 2C_2H_5OH$$
$$CH_3C(ONa)=CHCOCH_3 + H_2SO_4 \longrightarrow CH_3COCH_2COCH_3 + NaHSO_4$$

该方法是典型的碳负离子反应，条件易于实现。缺点是产率较低。若以合成少量分析样品为目的，该方法则较为适用。欲获较高产率，宜用三氟化硼法或烯胺法。

β-二酮比单酮易于烯醇化，其原因是该烯醇式形成了内氢键的环状结构，使之更加稳定化。

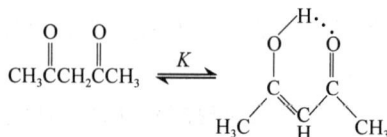

在一定条件下，酮式与烯醇式以互变异构的形式共同存在，达到动态平衡。

研究这种平衡，可以了解 β-二酮类化合物中取代基对 α-氢的活泼性的影响及环境因素对稀醇化过程的影响。但一般化学方法无法测定该平衡体系中各物质的准确量，而

利用核磁共振则很方便，因为酮式与烯醇式分子各类质子的化学环境各不相同，有不同的化学位移，如图 6-3 所示。

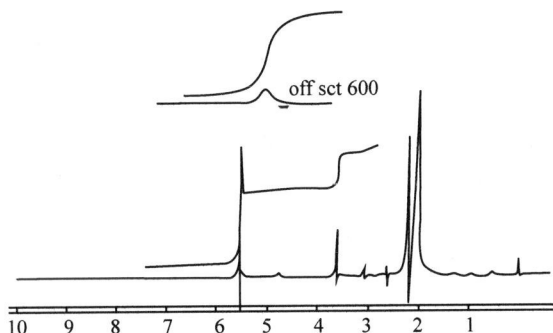

图 6-3　2,4-戊二酮的氢核磁共振谱

根据各种峰的积分值，可以方便地测定两种互变异构体的相对量，进而求平衡常数 K。比较不同条件下的 K 值，就可得到影响烯醇化的实验因素，进而去发现它们的规律性。

本实验只探讨浓度与溶剂性质对烯醇化的影响。

(三) 仪器与试剂

仪器：红外光谱仪、核磁共振波谱仪、三颈烧瓶、球形冷凝管、恒压漏斗、分液漏斗、刺形分馏柱等。

试剂：乙酸乙酯、丙酮、金属钠、二甲苯、无水乙醇、乙醚、稀硫酸、无水硫酸钠等，以上试剂的规格均为分析纯。

(四) 实验步骤

1. 文献实验

(1) 确定英文主题及小类目名称。

题目：Proparation of 2,4-Pentanedione

索引主题：2,4-Pentanedione

登录号：[123-54-6]

小类目：Preparation(或 Synthesize)

分子式：C_5H_8O

(2) 熟悉从索引经《化学文摘》到期刊，来查找原文的一般检索程序及方法。

(3) 查阅《化学文摘》，并摘录有关 Preparation of 2,4-Pentanedione 的所有主要内容及实验方法。

(4) 按照实验方法简单易行、节约 (试剂价廉)、快速 (反应周期不应太长) 的原则确定 1~2 种可行的实验方法。如果已经掌握了人工检索文献资料的方法，可采用计算机检索，以节约时间。

(5)拟定实验步骤，列出实验试剂，仪器的名称、规格、数量、学时计划、安全事项等。经实验指导教师批准后，即可动手实验。

2. 2,4-戊二酮的合成

取 250 mL 三口瓶，烘干。于第二瓶口装一个回流冷凝器，上端接干燥管，将第一、第三瓶口上加塞。向瓶中先加入 80 mL 干燥甲苯，然后加入 6.9 g 去掉氧化皮的金属钠。加热、回流，至钠熔化，停止加热。取下烧瓶，趁热用力振荡，使钠呈细砂状，待钠砂固化后，停止摇动。稍冷，重新装上回流冷凝管。将第三瓶口改装滴液漏斗，缓慢滴入 17.5 mL 无水乙醇，加热，回流 1 h，使钠全部溶解，降温至 70℃ 左右，尽快把 120 mL 乙酸乙酯加到反应液中，并立即将 22.0 mL 丙酮滴入反应瓶，边滴边摇动烧瓶，在 15 min 内滴加完毕。然后，加热回流 1 h。静置过夜，有褐色的缩合物钠盐结晶析出。

将反应混合物一起倒入盛有 250 mL 冰水的烧杯中，搅拌至溶解，倾入分液漏斗，分出有机层。水层用 40 mL 乙醚萃取 2 次，弃去醚层，用冷稀硫酸(15 g 硫酸+40 g 水)酸化至呈酸性。酸化液用 40 mL 乙醚萃取 3 次，合并萃取液，用无水硫酸钠干燥，蒸去乙醚，用刺形分馏柱分馏 2 次，收集 134~136℃ 馏分。产量 11~14 g，以丙酮计产率为 38%~45%。

产物进行红外光谱鉴定，纯 2,4-戊二酮的红外光谱如图 6-4 所示。

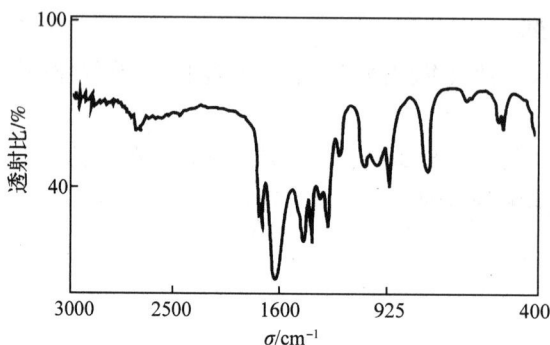

图 6-4　2,4-戊二酮的红外光谱

3. 2,4-戊二酮互变异构的核磁共振测定

(1)样品配制。于 4 支直径为 5 mm 样品管中，分别按下列比例，配制 0.5 mL 待测溶液，加入 2 滴四甲基硅作内标：

①取 0.5 mL 2,4-戊二酮的纯液体(100%)。

②取 0.25 mL 2,4-戊二酮，加入 0.25 mL 四氯化碳(其体积分数为 50%)。

③取 0.1 mL 2,4-戊二酮，加入 0.4 mL 四氯化碳(其体积分数为 20%)。

④取 0.4 mL 2,4-戊二酮，滴入 3~5 滴氘代水，以溶液不出现混浊为限(因 TMS 不溶于氘代水，故采用外标法。将四甲基硅装入直径为 0.6 mm 左右的毛细管内，熔融封口插入样品管)。

分别记录 1~5 号样品的核磁共振信号及积分图。

（2）仪器操作条件。

仪器型号：JNMPMX 60si

H1 电平：0.5　　　　偏置：0　　　　低场：600 Hz

滤波：20 Hz　　　　扫描时间：250 s

扫描宽度：0~600 Hz　　方式：手动

（五）实验结果和讨论

1. 解析谱图

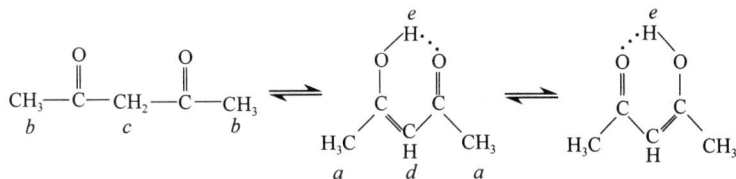

（1）在这个互变异构平衡中，两个烯醇式之间，由于快速互变机制，使 C_1 与 C_5 上的—CH_3 氢成为等同的，故只出一组峰。同样的原因，使峰变宽，呈胖单峰；烯醇分子内氢键以及共轭体系的形成，对 1,5-氢去屏蔽影响减弱，故峰出现在最高场（a）。

（2）酮式 1,5-氢（—CH_3），与之毗邻的只是普遍的孤立羰基，因而在略低于烯醇—CH_3 的位置出现锐单峰（凸）。

（3）—CH_2—同时受到两个 $\diagdown\!\!C\!\!=\!\!O$ 键的影响，向低场移动，化学位移为 3.7 处出峰（c）。

（4）=CH—由于是直接与双键相连，去屏蔽效应强于饱和碳的氢，其化学位移为 5.5 处出峰（d）。

（5）烯醇上与 O 相连的氢，由于内氢键使它游离于 2,4-二羰基的氧原子间，基本与裸质子相近，信号大幅度向低场移动，化学位移为 15.3 处出峰（e）。

2. 计算 K 值

据上述分析，找出图中 a、b、c、d、e 峰，并以 c、d 峰为基准峰，以它们的积分值计算各体系中酮式与烯醇式的相对物质的量比，计算相应的 K 值，列表记录。

分析影响 K 值变化的因素，并从理论上加以阐述。

（六）思考题

1. 从实验结果分析浓度及溶剂类型对烯醇化的影响规律，并解释原因。

2. 酮式与烯醇式质子峰无一重合，都可作为定量峰，但选 c、d 峰测定最佳，为什么？

3. 环状的双甲酮 也是 β-二酮，试分析它的烯醇化规律及其与 2,4-戊二酮的差异。

参考文献

陈红艳，丁来欣，2017. 有机化学实验[M]. 北京：中国农业出版社.

谷亨杰，1991. 有机化学实验[M]. 北京：高等教育出版社.

贾俊仙，2022. 有机化学实验[M]. 2版. 北京：中国林业出版社.

孔祥文，贾宏敏，王鹏，等，2018. 有机化学实验[M]. 2版. 北京：化学工业出版社.

李英，邵英，2022. LABORATORY EXPERIMET FOR ORGAIC CHEMIRY[M]. 南京：南京大学出版社.

盛显良，2017. 有机化学实验[M]. 北京：中国农业大学出版社.

王清廉，2017. 有机化学实验[M]. 4版. 北京：高等教育出版社.

肖玉梅，袁德凯，2018. 有机化学实验[M]. 北京：化学工业出版社.

邢其毅，2017. 基础有机化学[M]. 4版. 北京：北京大学出版社.

张金桐，2019. 有机化学[M]. 北京：中国林业出版社.

张文勤，郑艳，马宁，等，2014. 有机化学[M]. 5版. 北京：高等教育出版社.

赵建庄，梁丹，2018. 有机化学实验[M]. 2版. 北京：中国林业出版社.

DE SURYA K，2020. Applied Organic Chemistry：Reaction Mechanisms and Experimental Procedures in Medicinal Chemistry[M]. Weinheim：Wiley-VCH Verlag GmbH & Co. KGaA.

FESSENDEN R J，FESSENDEN J S，1990. Organic Chemistry[M]. Boston：Willard Grant Press.

MEKA G，CHINTHAKUNTA R，BAI B，2021. Lab Manual for Pharmaceutical Organic Chemistry[M]. London：Lambert Academic Publishing.

SOLOMONS T W G，2000. Organic Chemistry[M]. 7th ed. NewYork：John Wiley&Sons，Inc.

PUROHIT D P，MITTAL R K，2020. Pharmaceutical Organic Chemistry-Ⅱ[M]. Uttarakhand：Doonville Publishers P. LTD.

附 录

附录1 常见元素的相对原子质量

元素名称		相对原子质量	元素名称		相对原子质量
银	Ag	107.868	镁	Mg	24.305
铝	Al	26.981	锰	Mn	54.938
溴	Br	79.904	氮	N	14.007
碳	C	12.011	钠	Na	22.990
钙	Ca	40.078	镍	Ni	58.690
氯	Cl	35.453	氧	O	15.999
铬	Cr	51.996	磷	P	30.974
铜	Cu	63.546	铅	Pb	207.200
氟	F	18.998	钯	Pd	106.420
铁	Fe	55.847	铂	Pt	195.080
氢	H	1.008	硫	S	32.060
汞	Hg	200.590	硅	Si	28.086
碘	I	126.904	锡	Sn	118.690
钾	K	39.098	锌	Zn	65.380

附录2 常用有机溶剂的物理常数(20℃)

溶剂	沸点/℃ (101 325 Pa)	熔点 /℃	相对分子质量	密度 (g/cm³)	介电常数	溶解度 (g/100 g水)	与水共沸混合物 沸点/℃	与水共沸混合物 水/%
乙醚	35	−116	74	0.71	4.3	6	34	1
二硫化碳	46	−111	76	1.26	2.6	0.29	44	2
丙酮	56	−95	58	0.79	20.7	∞	—	—
氯仿	61.2	−64	119	1.49	4.8	0.82	56	2.5
甲醇	65	−98	32	0.79	32.7	∞	—	—
四氯化碳	77	−23	154	1.59	2.2	0.08	66	4
乙酸乙酯	77.1	−84	88	0.90	6.00	8.1	70.4	6
乙醇	78.3	−114	46	0.79	24.6	∞	78.1	4.4
苯	80.4	5.5	78	0.88	2.3	0.18	69.2	8.8
异丙醇	82.4	−89.5	60	0.79	19.9	∞	80.4	12
正丁醇	118	−89	74	0.81	17.5	7.45	92.2	37.5
甲酸	101	8	46	1.22	58.5	∞	107	26
甲苯	111	−95	92	0.87	2.4	0.05	84.1	13.5
吡啶	115.1	−42	79	0.98	12.4	∞	92.5	40.6
乙酸	118	17	60	1.05	6.2	∞	—	—
乙酸酐	140	−73	102	1.08	20.7	反应	—	—
硝基苯	211	6	123	1.20	4.80	0.19	99	88

注：1个标准大气压＝760 mmHg＝101 325 Pa。

附录 3　常用酸碱溶液的密度和浓度

盐　酸

质量比/%	密度d_4^{20}	g/100 mL	质量比/%	密度d_4^{20}	g/100 mL
1	1.005 2	1.003	22	1.108 3	24.38
2	1.008 2	2.006	24	1.118 7	26.85
4	1.018 1	4.007	26	1.129 0	29.35
6	1.027 9	6.167	28	1.139 2	31.90
8	1.037 6	8.301	30	1.149 3	34.48
10	1.047 4	10.47	32	1.159 3	37.10
12	1.057 4	12.69	34	1.169 1	39.75
14	1.067 5	14.95	36	1.178 9	42.44
16	1.077 6	17.24	38	1.188 0	45.16
18	1.087 8	19.58	40	1.198 0	47.92
20	1.098 0	21.96			

硫　酸

质量比/%	密度d_4^{20}	g/100 mL	质量比/%	密度d_4^{20}	g/100 mL
1	1.005 1	1.005	65	1.553 3	101.0
2	1.011 8	2.024	70	1.610 5	112.7
3	1.018 4	3.055	75	1.669 2	125.2
4	1.025 0	4.100	80	1.727 2	138.2
5	1.031 7	5.159	85	1.778 6	151.2
10	1.066 0	10.66	90	1.814 4	163.3
15	1.102 0	16.53	91	1.819 5	165.6
20	1.139 4	22.79	92	1.824 0	167.8
25	1.178 3	29.46	93	1.827 9	170.2
30	1.218 5	36.56	94	1.831 2	172.1
35	1.259 9	44.10	95	1.833 7	174.2
40	1.302 8	52.11	96	1.835 5	176.2
45	1.347 6	60.64	97	1.836 4	178.1
50	1.395 1	69.76	98	1.836 1	179.9
55	1.445 3	79.49	99	1.834 2	181.6
60	1.498 3	89.90	100	1.830 5	183.1

发烟硫酸

SO_3 质量比/%	密度d_4^{20}	g/100 mL	SO_3 质量比/%	密度d_4^{20}	g/100 mL
1.54	1.860	2.8	10.07	1.900	19.1
2.66	1.865	5.0	10.56	1.905	20.1
4.28	1.870	8.0	11.43	1.910	21.8
5.44	1.875	10.2	13.33	1.915	25.5
6.42	1.880	12.1	15.95	1.920	30.6
7.29	1.885	13.7	18.67	1.925	35.9
8.16	1.890	15.4	21.34	1.930	41.2
9.43	1.895	17.7	25.65	1.935	49.6

（续）

硝 酸

质量比/%	密度d_4^{20}	g/100 mL	质量比/%	密度d_4^{20}	g/100 mL
1	1.003 6	1.004	65	1.391 3	90.43
2	1.006 9	2.018	70	1.413 4	98.94
3	1.014 6	3.044	75	1.433 7	107.5
4	1.020 7	4.080	80	1.452 1	116.2
5	1.025 6	5.128	85	1.468 6	124.8
10	1.054 3	10.54	90	1.482 6	133.4
15	1.084 2	16.26	91	1.485 0	135.1
20	1.116 6	22.30	92	1.487 3	136.8
25	1.146 9	28.67	93	1.489 2	138.5
30	1.180 8	35.40	94	1.491 2	140.2
35	1.214 0	42.49	95	1.493 2	141.9
40	1.246 3	49.85	96	1.495 2	143.5
45	1.278 3	57.52	97	1.497 4	145.2
50	1.310 0	65.50	98	1.500 8	147.1
55	1.339 3	73.66	99	1.505 6	149.1
60	1.366 7	82.00	100	1.512 9	151.3

醋 酸

质量比/%	密度d_4^{20}	g/100 mL	质量比/%	密度d_4^{20}	g/100 mL
1	0.999 6	0.999 6	65	1.066 6	69.33
2	1.001 2	2.002	70	1.068 5	74.80
3	1.002 5	3.008	75	1.069 6	80.22
4	1.004 0	4.016	80	1.070 0	85.60
5	1.005 5	5.028	85	1.068 9	90.86
10	1.012 5	10.13	90	1.066 1	95.95
15	1.019 5	15.29	91	1.065 2	96.93
20	1.026 3	20.53	92	1.064 3	97.92
25	1.032 6	25.82	93	1.063 2	98.88
30	1.038 4	31.15	94	1.061 9	99.82
35	1.043 8	36.53	95	1.060 5	100.7
40	1.048 8	41.95	96	1.058 8	101.6
45	1.053 4	47.40	97	1.057 0	102.5
50	1.057 5	52.88	98	1.054 9	103.4
55	1.061 1	58.36	99	1.052 4	104.2
60	1.064 2	63.85	100	1.049 8	105

（续）

氢氧化铵					
质量比/%	密度d_4^{20}	g/100 mL	质量比/%	密度d_4^{20}	g/100 mL
1	0.993 9	9.94	16	0.936 2	149.8
2	0.989 5	19.79	18	0.929 5	167.3
4	0.981 1	39.24	20	0.922 9	184.6
6	0.973 0	58.38	22	0.916 4	201.6
8	0.965 1	77.21	24	0.910 1	218.4
10	0.957 5	95.75	26	0.904 0	235.0
12	0.950 1	114.0	28	0.898 0	215.4
14	0.943 0	132.0	30	0.892 0	267.6

氢氧化钠					
质量比/%	密度d_4^{20}	g/100 mL	质量比/%	密度d_4^{20}	g/100 mL
1	1.009 5	1.010	26	1.284 8	33.40
5	1.053 8	5.269	30	1.329 9	39.84
10	1.108 9	11.09	35	1.379 8	48.31
16	1.175 1	18.80	40	1.430 0	57.20
20	1.219 1	24.38	50	1.525 3	76.27

碳酸钠					
质量比/%	密度d_4^{20}	g/100 mL	质量比/%	密度d_4^{20}	g/100 mL
1	1.008 6	1.009	12	1.124 4	13.49
2	1.019 0	2.038	14	1.146 3	16.05
4	1.039 8	4.159	16	1.168 2	18.50
6	1.060 6	6.364	18	1.190 5	21.33
8	1.081 6	8.653	20	1.213 2	24.26
10	1.102 9	11.03			

附录4　水的饱和蒸气压

温度/℃	饱和蒸气压/Pa	温度/℃	饱和蒸气压/Pa	温度/℃	饱和蒸气压/Pa	温度/℃	饱和蒸气压/Pa
0	610	11	1 312	22	2 644	33	5 030
1	657	12	1 402	23	2 809	34	5 320
2	706	13	1 497	24	2 983	35	5 624
3	758	14	1 599	25	3 168	36	5 941
4	813	15	1 705	26	3 361	37	6 275
5	872	16	1 817	27	3 565	38	6 624
6	935	17	1 937	28	3 780	39	6 991
7	1 002	18	2 063	29	4 005	40	7 375
8	1 073	19	2 197	30	4 242	41	7 778
9	1 148	20	2 338	31	4 493	42	8 199
10	1 228	21	2 486	32	4 754	43	8 639

（续）

温度/℃	饱和蒸气压/Pa	温度/℃	饱和蒸气压/Pa	温度/℃	饱和蒸气压/Pa	温度/℃	饱和蒸气压/Pa
44	9 101	59	19 011	74	36 957	89	67 474
45	9 583	60	19 918	75	38 542	90	70 234
46	10 085	61	20 852	76	40 183	91	72 807
47	10 612	62	21 838	77	41 877	92	75 594
48	11 160	63	22 851	78	43 636	93	78 474
49	11 735	64	23 905	79	45 463	94	81 447
50	12 334	65	24 998	80	47 343	95	84 513
51	12 959	66	26 145	81	49 289	96	87 673
52	13 612	67	27 331	82	51 316	97	90 939
53	14 292	68	28 558	83	53 409	98	97 299
54	14 999	69	29 824	84	55 569	99	97 751
55	15 732	70	31 157	85	57 809	100	10 132
56	16 505	71	32 517	86	60 115		
57	17 305	72	33 943	87	62 488		
58	18 145	73	35 424	88	64 941		

附录5　常用化合物在水中最大溶解度　　　　g/100 g 水

化学式	温度/℃					
	0	10	20	30	40	50
Br_2	4.22	3.40	3.20	—	—	—
$Ca(OH)_2$	0.185	0.176	0.165	0.153	0.141	0.128
$Ca(HCO_3)_2$	0.162	—	0.166	—	0.171	—
Cl_2	1.46	0.98	0.716	0.562	0.451	0.386
$(NH_4)_2SO_4$	70.6	73.0	75.4	78.0	81.0	—
$Na_2CO_3 \cdot 10H_2O$	7	12.5	21.5	38.8	—	—
$Na_2CO_3 \cdot H_2O$	—	—	—	50.5	48.5	—
NaCl	35.7	35.8	36.0	36.3	36.6	37.0

化学式	温度/℃				
	60	70	80	90	100
Br_2	—	—	—	—	—
$Ca(OH)_2$	0.116	0.106	0.094	0.085	0.077
$Ca(HCO_3)_2$	0.175 0	0.274	0.175 0	0.125	0.184
Cl_2	0.324	—	0.219	—	0
$(NH_4)_2SO_4$	88.0	—	95.3	—	103.3
$Na_2CO_3 \cdot 10H_2O$	—	46.2	—	45.7	—
$Na_2CO_3 \cdot H_2O$	46.4	37.8	45.8	39.0	45.5
NaCl	37.3	—	38.4	—	39.8

附录6 常用干燥剂的应用

干燥剂	应用范围	禁用范围及举例	备注
五氧化二磷	中性和酸性气体,乙烯、二硫化碳、烃、卤代烃;酸溶液(用于干燥器和干燥枪中)	碱性物质,醇、醚、氯化氢、氟化氢	潮解,用于干燥气体时要混上石棉纤维、玻璃丝等支持材料
浓硫酸	中性和酸性气体(用于干燥器和洗气瓶中)	不饱和化合物,醇、酮、碱性物质、硫化氢、碘化氢	不适用于升温下的真空干燥
氧化钙、氧化钡	中性和碱性气体、胺、醇、醚	醛、酮、酸性物质特别适用于干燥气体	—
氢氧化钠、氢氧化钾	氨、胺、醚、烃(用于干燥器中)	醇、酚、醛、酮、酸性物质	潮解
钠	醚、烃、叔胺	氯代烃(爆炸)、醇,其他与钠反应的化合物	适用于干燥痕量水分,用时切成小块或压成钠丝
氯化钙	烃、烯、酮、醚,中性气体(用于干燥器中)	醇、氨、胺工业品中。含有氧化钙及氢氧化钙,故不能用来干燥酸类	吸水后表面为薄层液体覆盖,故放置时间长些为宜
碳酸钾	醇、酮、酯、胺及杂环等碱性化合物	酚、酸	潮解
硫酸钠、硫酸镁	应用范围广,常用于有机液体的初步干燥	—	硫酸镁可代替氯化钙,并可用于干燥酯、醛、酮、腈酰胺等化合物
硅胶	用于干燥器	氟化氢	去除残余溶剂
分子筛	流动气体(可达100℃),有机溶剂(用于干燥器中)	—	适用于各类有机化合物的干燥

附录7 特殊试剂的配制

(一)饱和亚硫酸氢钠溶液的配制

在 100 mL、40%亚硫酸氢钠溶液中,加入 25 mL 不含醛的无水乙醇。混合后,如有少量的亚硫酸氢钠结晶析出,必须滤去,或倾泻上层溶液。此溶液不稳定,容易被氧化和分解,因此,不能保存很久,实验前现配制为宜。

(二)2,4-二硝基苯肼试剂

取 2,4-二硝基苯肼 3 g,溶于 15 mL 浓硫酸,将此酸性溶液慢慢加入 70 mL 95%乙醇中,再加蒸馏水稀释到 100 mL,过滤。取滤液保存在棕色试剂瓶中。

(三)碘-碘化钾溶液

2 g 碘和 5 g 碘化钾溶于 100 mL 水中。

(四)斐林试剂

斐林试剂 A:溶解 3.5 g 硫酸铜($CuSO_4 \cdot 5H_2O$)于 100 mL 水中,混浊时过滤。

斐林试剂 B:溶解 17 g 酒石酸钾钠晶体于 15~20 mL 热水中,加入 20 mL 20%氢氧化钠溶液,稀释至 100 mL。

此两种溶液要分别贮藏,使用时取等量 A 和 B 混合。

(五)希夫试剂

配制方法有 3 种:

（1）将 0.2 g 品红盐酸盐溶于 100 L 新的冷却饱和二氧化硫溶液中，放置数小时，直至溶液无色或淡黄色，再用蒸馏水稀释至 200 mL 存于玻璃瓶中，塞紧瓶口，以免二氧化硫逸散。

（2）溶解 0.5 g 品红盐酸盐于 100 mL 热水中，冷却后通入二氧化硫达饱和至粉红色消失。加入 0.5 g 活性炭，振荡，过滤，再用蒸馏水稀释至 500 mL。

（3）溶解 0.2 g 品红盐酸盐于 100 mL 热水中，冷却后加入 2 g 亚硫酸氢钠和 2 mL 浓盐酸，最后用蒸馏水稀释至 200 mL。

（六）刚果红试纸

取 0.2 g 刚果红溶于 100 mL 蒸馏水制成溶液，把滤纸放在刚果红溶液中浸透后，取出晾干，裁成纸条，试纸呈鲜红色。

（七）卢卡斯试剂（氯化锌-盐酸）

将 34 g 熔融过的无水氯化锌溶于 23 mL 浓盐酸中，同时冷却，以防氯化氢逸出，约得 35 mL 溶液，放冷后，存于玻璃瓶中，塞紧瓶塞。

（八）托伦试剂

加 20 mL 5%硝酸银溶液于一干净的试管内，加入 1 滴 10%氢氧化钠溶液，然后滴加 2%氨水，振荡，直至沉淀刚好溶解。

配制该试剂涉及的化学变化如下：

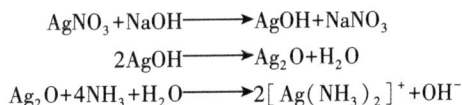

$$AgNO_3 + NaOH \longrightarrow AgOH + NaNO_3$$
$$2AgOH \longrightarrow Ag_2O + H_2O$$
$$Ag_2O + 4NH_3 + H_2O \longrightarrow 2[Ag(NH_3)_2]^+ + OH^-$$

配制托伦试剂时，应防止加入过量的氨水，否则，将生成雷酸银（Ag—O—NC），加热后将引起爆炸，试剂本身也将失去灵敏性。

托伦试剂久置后析出黑色的氮化银（Ag$_3$N）沉淀，它受震动时分解，会发生猛烈爆炸，有时潮湿的氧化银也能引起爆炸。因此，托伦试剂只能现用现配。

（九）班尼狄克试剂

在 400 mL 烧杯中溶解 20 g 柠檬酸钠和 11.5 g 无水碳酸钠于 100 mL 热水中，在不断搅拌下把含 2 g 硫酸铜结晶的 20 mL 水溶液慢慢加到此柠檬酸钠和碳酸钠溶液中，此混合溶液应十分清澈，否则，应过滤。班尼狄克试剂在放置时不易变质，所以使用较方便。

（十）间苯二酚-盐酸试剂

0.05 g 间苯二酚溶于 50 mL 浓盐酸内，再用水稀释至 100 mL。

（十一）米伦试剂

将 2 g 汞溶于 3 mL 浓硝酸（相对密度 1.4）中，然后用水稀释到 100 mL，放置过夜过滤即得。它主要含汞、亚硝酸亚汞和硝酸汞，此外，还有少量的硝酸和少量的亚硝酸。

（十二）乙酸铜-联苯胺试剂

本试剂由 A 和 B 两部分组成，使用前临时将两者等体积混合。

A 液：取 150 mL 联苯胺溶于 100 mL 水及 1 mL 乙酸中，贮存于棕色瓶中。

B 液：取 286 mg 乙酸铜溶于 100 mL 水中，贮存于棕色瓶中。

（十三）1%淀粉溶液

将 1 g 可溶性淀粉溶于 1 mL 冷蒸馏水中，用力搅成浆状，然后倒入 94 mL 温水中，即得近于透明的胶体溶液，放冷使用。

（十四）碘化汞钾溶液

把 5%碘化钾水溶液慢慢地加到 2%氧化汞（或硝酸汞）水溶液中，加到初生的红色沉淀刚刚又完全溶解为止。

(十五)饱和溴水

溶解 15 g 溴化钾于 100 mL 水中，加入 10 g 溴，振荡即成。

(十六)0.1%茚三酮乙醇溶液

将 0.1 g 茚三酮溶于 124.9 mL 95%乙醇中，用时现配。

(十七)莫利许试剂(10%α-萘酚的乙醇溶液)

将 2 g α-萘酚溶于 20 mL 95%乙醇中，用 95%乙醇稀释至 100 mL，贮存于棕色瓶中。一般用时现配。

(十八)氯化亚铜氨溶液

取 1 g 氯化亚铜放入一大试管中，往试管中加 1~2 mL 浓氨水和 10 L 水，用力摇动试管后放置一会，再倾出溶液并投入一块铜片(或铜丝)贮存备用。

(十九)苯肼试剂

配制方法有 3 种：

(1)称取 2 份苯肼盐酸盐和 3 份无水乙酸钠混合均匀，于研钵中研磨成粉末即得盐酸苯肼-乙酸钠混合物，贮存于棕色试剂瓶中。苯肼在空气中不稳定，因此通常用较稳定的苯肼盐酸盐。因为成脎反应必须在弱酸性溶液中进行，使用时必须加 A 适量的乙酸钠以缓冲盐酸的酸度，所用乙酸钠不能过多。

(2)取 5 g 苯肼盐酸盐，加入 160 mL 水，微热助溶，再加入 0.5 g 活性炭，脱色，过滤。在滤液中加入 9 g 乙酸钠结晶，搅拌溶解后贮存于棕色瓶中。

(3)将 5 mL 苯肼溶于 50 mL 1%乙酸溶液中，加 0.5 g 活性炭。搅拌后过滤，把滤液贮存于棕色试剂瓶中。

(二十)硝酸铈铵试剂

取 90 g 硝酸铈铵溶于 225 mL 2 mol/L 温热的硝酸中即成。

(二十一)高碘酸-硝酸银试剂

将 25 mL 2%高碘酸钾溶液与 2 mL 浓硝酸和 2 mL 1%硝酸银溶液混合，摇匀。如有沉淀析出应过滤取透明溶液。

附录 8 常用有机试剂的纯化

(一)无水乙醚

沸点 34.5℃，折光率 n_D^{20} 1.352 6，密度 d_4^{20} 0.713 78。

普通乙醚常含有 2%乙醇和 0.5%水。久藏的乙醚常含有少量过氧化物。

1. 过氧化物的检验和除去

在干净的试管中放入 2~3 滴浓硫酸，1 mL 2%碘化钾溶液(若碘化钾溶液已被空气氧化，可用稀亚硫酸钠溶液滴到黄色消失)和 1~2 滴淀粉溶液，混合均匀后加入乙醚，出现蓝色即表示有过氧化物存在。除去过氧化物可用新配制的硫酸亚铁稀溶液(配制方法是七水合硫酸亚铁 60 g，100 mL 水和 6 mL 硫酸)。将 100 mL 乙醚和 10 mL 新配制的硫酸亚铁溶液放在分液漏斗中洗数次，至无过氧化物为止。

2. 醇和水的检验和除去

乙醚中放入少许高锰酸钾粉末和一粒氢氧化钠。放置后，氢氧化钠表面附有棕色树脂，即证明有醇存在。水的存在用无水硫酸铜检验。先用无水氯化钙除去大部分水，再经金属钠干燥。其方法是：100 mL 乙醚放在干燥锥形瓶中，加入 20~25 g 无水氯化钙，瓶口用软木塞塞紧，放置 1 d 以上，并间

断摇动，然后蒸馏，收集 3~37℃ 的馏分。用压钠机（附图 8-1）将 1 g
金属钠直接压丝放于盛乙醚的瓶中，用带有氯化钙干燥管的软木塞塞
住，或在木塞中插一末端拉成毛细管的玻璃管，这样，既可防止潮气
侵入，又可使产生的气体逸出。放置至无气泡发生即可使用。放置后，
若钠丝表面已变黄变粗时，须再蒸一次，然后压入钠丝。

附图 8-1 压钠机

（二）甲醇

沸点 64℃，折光率 n_D^{20} 1.328 8，密度 d_4^{20} 0.791 4。

普通未精制的甲醇含有 0.02% 丙酮和 0.1% 水。而工业甲醇中这些
杂质的含量达 0.5%~1%，为了制得 99.9% 以上的甲醇，可将甲醇用
分馏柱分馏，收集 64℃ 的馏分，再用镁去水（与制备无水乙醇同）。甲
醇有毒，处理时应防止吸入其蒸气。

（三）无水无噻吩苯

沸点 80.1℃，折光率 n_D^{20} 1.501 1，密度 d_4^{20} 0.876 5。

普通苯常含有少量水和噻吩，噻吩的沸点 84℃，与苯相近，不能用蒸馏的方法除去。

1. 噻吩的检验

取 1 mL 苯加入 2 mL 溶有 2 mg 吲哚醌的浓硫酸振荡片刻，若酸层呈蓝绿色，即表示有噻吩存在。

2. 噻吩和水的除去

将苯装入分液漏斗中，加入相当于苯体积 1/7 的浓硫酸，振荡使噻吩磺化，弃去酸液，再加入新
的浓硫酸，重复操作几次，直至酸层呈现无色或淡黄色并检验无噻吩为止。反应如下：

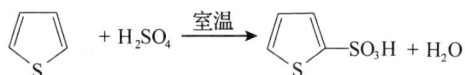

$$\text{（噻吩）} + H_2SO_4 \xrightarrow{\text{室温}} \text{（噻吩-}SO_3H\text{）} + H_2O$$

将上述无噻吩的苯依次用 10% 碳酸钠溶液和水洗至中性，再用无水氯化钙干燥，进行蒸馏，收集
80℃ 的馏分，最后用金属钠脱去微量的水得无水苯。

（四）丙酮

沸点 56.2℃，折光率 n_D^{20} 1.358 8，密度 d_4^{20} 0.789 9。

普通丙酮常含有大量水及甲醇、乙醛等还原性杂质。其纯化方法有：

（1）于 250 mL 丙酮中加入 2.5 g 高锰酸钾回流，若高锰酸钾紫色很快消失，再加入少量高锰酸钾
继续回流，至紫色不褪为止。然后将丙酮蒸出，用无水碳酸钾或无水硫酸钙干燥，过滤后蒸馏，收集
55~56.5℃ 的馏分。用此法纯化丙酮时，须注意丙酮中不可含还原性物质太多，否则会过多消耗高锰
酸钾和丙酮，使处理时间增长。

（2）将 100 mL 丙酮装入分液漏斗中，先加入 4 mL 10% 硝酸银溶液，再加入 3.6 mL 1 mol/L 氢氧
化钠溶液，振荡 10 min，分出丙酮层，再加入无水硫酸钾或无水硫酸钙进行干燥。最后蒸馏收集 55~
56.5℃ 馏分。此法比方法（1）要快，但硝酸银较贵，只宜做少量纯化用。

（五）乙酸乙酯

沸点 77.06℃，折光率 n_D^{20} 1.372 3，密度 d_4^{20} 0.900 3。

乙酸乙酯一般含量为 95%~98%，含有少量水、乙醇和乙酸，可用下列方法纯化：

于 1 000 mL 乙酸乙酯中加入 100 mL 乙酸酐、10 滴浓硫酸、加热回流 4 h，除去乙醇和水等杂质，
然后进行蒸馏。馏出液用 20~30 g 无水碳酸钾振荡，再蒸馏。产物沸点为 77℃，纯度可达 99% 以上。

（六）氯仿

沸点 61.7℃，折光率 n_D^{20} 1.445 9，密度 d_4^{20} 1.483 2。

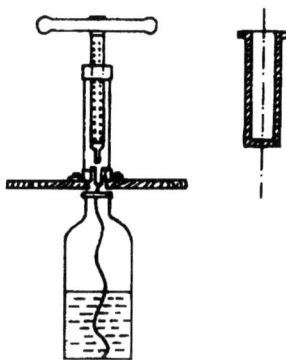

氯仿在日光下易氧化成氯气、氯化氢和光气(剧毒),故氯仿应贮存于棕色瓶中。市场上供应的氯仿可用1%乙醇作稳定剂,以消除产生的光气。氯仿中乙醇的检验可用碘仿反应,游离的氯化氢的检验可用硝酸银的醇溶液。

除去乙醇可将氯仿用1/2体积的水振荡数次分离下层的氯仿,用氯化钙干燥24 h然后蒸馏。

另一种纯化方法:将氯仿和少量浓硫酸一起振动2~3次。每200 mL氯仿用10 mL浓硫酸分层,分去酸层以后的氯仿用水洗涤,干燥,然后蒸馏。

除去乙醇后的无水氯仿应保存在棕色瓶中并避光存放,以免光化作用产生光气。

(七)石油醚

石油醚为轻质石油产品,是低相对分子质量烷烃类的混合物。其沸程为30~150℃、收集的温度区间一般为30℃左右。有30~60℃、60~90℃、90~120℃等沸程规格的石油醚。其中含有少量不饱和烃,沸点与烷烃相近,用蒸馏法无法分离。

石油醚的精制通常将石油醚用其体积1/10的浓硫酸洗涤2~3次,再用10%硫酸加入高锰酸钾配成的饱和溶液洗涤,直至水层中的紫色不再消失为止。然后用水洗,经无水氯化钙干燥后蒸馏。若需绝对干燥的石油醚,可加入钠丝(与纯化无水乙醚相同)。

(八)吡啶

沸点115.5℃,折光率n_D^{20} 1.509 5,密度d_4^{20} 0.981 0。

分析纯的吡啶含有少量水分,可供一般实验用。如要制得无水吡啶,可将吡啶与颗粒氢氧化钾(钠)一同回流,然后隔绝潮气蒸干备用。干燥的吡啶吸水性很强,保存时应将容器口用石蜡封好。

(九)四氢呋喃

沸点67℃(64.5℃),折光率n_D^{20} 1.405 0,密度d_4^{20} 0.889 2。

四氢呋喃与水能混溶,并常含有少量水分及过氧化物。如要制得无水四氢呋喃,可用氢化锂铝在隔绝潮气下回流(通常100 mL需2~4 g氢化锂铝)。除去其中的水和过氧化物。然后蒸馏收集66℃的馏分(蒸馏时不要蒸干,将剩余少量残液倒出)。精制后的液体加入钠丝并应在氮气中保存。如需较久放置,应加0.025% 2,6-二叔丁基-4-甲基苯酚作抗氧剂。

处理四氢呋喃时,应先用少量进行试验,在确定其中只有少量水和过氧化物,作用不致过于激烈时,方可进行纯化。

四氢呋喃中的过氧化物可用酸化的碘化钾溶液来检验。如过氧化物较多,应另行处理为宜。

有机化学实验报告册

专业：_____

班级：_____

学号：_____

姓名：_____

视频

实验一 乙酰苯胺的制备及提纯

一、实验目的

二、实验原理

三、主要试剂及产物的物理常数

名称	相对分子质量	性状	密度	熔点	沸点	溶解度(水)
苯胺						
乙酸						
乙酸酐						
乙酰苯胺						

四、仪器装置图

五、实验步骤和现象

实验步骤(简述)	现象

六、产量及产率计算

七、问题讨论

1. 本实验中活性炭的作用是什么？使用活性炭时应注意什么？

2. 指出减压过滤所用到的仪器？减压过滤结束先关水泵可能会出现什么现象？

3. 欲得到质量较高、产量较多的乙酰苯胺应注意哪些操作？

实验二　丙酮的制备

一、实验目的

二、实验原理

三、主要试剂及产物的物理常数

名称	相对分子质量	性状	密度	熔点	沸点	溶解度（水）
异丙醇						
重铬酸钾						
浓硫酸						
丙酮						

四、仪器装置图

五、实验步骤和现象

实验步骤（简述）	现象

六、产量及产率计算

七、问题讨论

1. 反应过程中反应物发生何种颜色变化，为什么？

2. 以异丙醇为原料催化脱氢能否生成丙酮？

3. 为什么在滴加硫酸之前要移去酒精灯？

实验三　乙酰苯胺熔点的测定

一、实验目的

二、实验原理

三、仪器装置图

四、测定结果

乙酰苯胺的熔点：

五、问题讨论

1. 以下情况对熔点测定结果有何影响？

（1）加热太快

(2)熔点管不干净

(3)熔点管壁太厚

(4)样品研的不细或装的不紧

2. A、B 两化合物具有相同的熔点，如何用测熔点的方法判断它们是否为同一化合物？

实验四　　乙酸丁酯的制备

一、实验目的

二、实验原理

三、主要试剂及产物的物理常数

名称	相对分子质量	性状	密度	熔点	沸点	溶解度(水)
乙酸						
正丁醇						
乙酸丁酯						

四、仪器装置图

五、实验步骤和现象

实验步骤（简述）	现象

六、产量及产率计算

七、问题讨论

1. 为了提高产率我们可以采取哪些方法？本实验用的是哪些方法？

2. 使用分液漏斗进行液-液萃取时，要注意哪些事项？

实验五　乙酸丁酯折光率的测定

一、实验目的

二、实验原理

三、测定结果

四、问题讨论

测折光率有什么作用?

五、注意事项

实验六　正溴丁烷的制备

一、实验目的

二、实验原理

三、主要试剂及产物的物理常数

名称	相对分子质量	性状	密度	熔点	沸点	溶解度(水)
正丁醇						
浓硫酸						
正溴丁烷						

四、仪器装置图

五、实验步骤和现象

实验步骤(简述)	现象

六、产量及产率计算

七、问题讨论

1. 本实验中浓硫酸的作用是什么？硫酸的用量和浓度过大或过小有什么不好？

2. 反应后的粗产物中含有哪些杂质？分步洗涤的目的何在？

3. 蒸馏时加入沸石的作用是什么？如果蒸馏前忘记加沸石，能否立即将沸石加至将近沸腾的液体中？当重新蒸馏时，用过的沸石能否继续使用？

实验七 茶叶中咖啡因的提取

一、实验目的

二、实验原理

三、仪器装置图

四、实验步骤和现象

实验步骤(简述)	现象

五、产量

六、问题讨论

1. 试述索氏提取器萃取的原理，它和一般的浸泡萃取比较有哪些优点？

2. 进行升华操作时应注意哪些问题？

实验八　立体模型组合

一、实验目的

二、实验原理

1. 构象产生的原因

2. 顺反异构产生的原因

3. 产生对映异构现象的充分必要条件

4. 椅式构象比船式构象稳定的原因

5. D-葡萄糖链状结构与环状结构变换图

三、实验结果记录

1. 丁烷的 4 种典型构象(用纽曼投影式表示)

2. 顺反异构
顺-2-丁烯　　　　　　　　　　　　　　　　反-2-丁烯

3. 对映异构(用费歇尔投影式表示)

甘油醛　　　　　　　　　　酒石酸

4. 环己烷的椅式构象和船式构象

5. 苯的结构

6. 丙二烯的结构

7. 链状葡萄糖和环状葡萄糖

8. 链状果糖和环状果糖

9. 瓦尔登翻转

实验九　从奶粉中分离酪蛋白

一、实验目的

二、实验原理

三、仪器与试剂

四、实验步骤

五、注意事项